工程质量与安全技术监督验收

主　编　李普祥　王勇跃　郭志娟

副主编　张　鹏　赵震凯

U0312701

东北林业大学出版社
Northeast Forestry University Press

·哈尔滨·

图书在版编目（CIP）数据

工程质量与安全技术监督验收 / 李普祥，王勇跃，郭志娟主编 . 一哈尔滨：东北林业大学出版社，2024. 4

ISBN 978-7-5674-3543-8

Ⅰ . ①工… Ⅱ . ①李… ②王… ③郭… Ⅲ . ①建筑工程－工程质量－安全管理 Ⅳ . ① TU71

中国国家版本馆 CIP 数据核字 (2024) 第 091221 号

责任编辑: 任兴华
封面设计: 北京研杰星空
出版发行: 东北林业大学出版社
　　　　　　（哈尔滨市香坊区哈平六道街 6 号　邮编：150040）
印　　装: 北京佳益兴彩印有限公司
开　　本: 787 mm×1 092 mm　1/16
印　　张: 19.5
字　　数: 313 千字
版　　次: 2024 年 4 月第 1 版
印　　次: 2024 年 4 月第 1 次印刷
书　　号: ISBN 978-7-5674-3543-8
定　　价: 76.00 元

如发现印装质量问题，请与出版社联系调换。（电话：0451-82113296　82191620）

前　言

　　工程建设是现代社会发展的重要支撑,对于国家经济的增长和社会进步起着至关重要的作用。然而,近年来由于一些不良施工行为和缺乏有效监督管理,工程质量问题频发,给人民群众的生命财产安全带来了巨大的威胁,也给社会造成了严重的经济损失。因此,加强工程质量监督与验收工作,确保工程质量安全与可靠性,已经成为当今时代的紧迫任务。

　　工程质量监督与验收标准是对工程建设过程中质量控制进行规范和监督的一套指导性文件。它是工程建设领域的重要法规和技术标准,旨在引导和推动工程项目按照合理的技术要求和标准进行设计、施工和验收,以确保工程质量的稳定和可靠性。通过科学、全面、系统的监督与验收,我们能够及时发现和纠正工程质量中存在的问题,提高工程质量水平,降低工程事故风险,保护人民群众的生命财产安全。

　　本书是工程质量与安全技术监督验收方面的专业书籍,主要介绍了建筑工程的质量监督、验收标准、地基与基础工程、结构工程、建筑装饰装修工程、防水工程、电气工程、给排水工程、暖通工程等方面的内容;同时,还包含工程特种设备质量控制、质量评价与监督及质量提升策略,并涉及建筑工程的安全管理、环保要求和措施、验收和交付管理等方面。全书分为十二章,每章分别介绍了相关领域的概念、标准、监督和验收方法。本书内容全面,语言简练,具有较强的实用性和指导意义。此外,本书还提供了常见问题及处理方法,帮助读者解决实际工作中可能遇到的困难和挑战。

　　相关人员在制定工程质量监督与验收标准时,需要考虑多个方面的因素。首先,必须依据相关法律法规和政策文件,确保标准的合法性和适用性。其次,应充分考虑工程建设的特点和实际情况,制定切实可行的标准要求。再次,还需要充分借鉴国内外先进的工程质量管理经验和技术手段，不断更新和完善标准内容。最后，为了提高标准的实施效果，必须建立健全的监督与评估机制，确保标准的有效执行和应用。

本书由潍坊市三建集团有限公司的李普祥、河北省特种设备监督检验研究院邢台分院的王勇跃、龙安区住房和城乡建设局的郭志娟主编及北京城建集团有限责任公司的张鹏副主编共同编写完成。具体分工如下：主编李普祥负责第一章、第二章、第三章及辅文内容的编写，共计10万字符；主编王勇跃负责第七章、第十章、第十二章内容的编写，共计10.2万字符；主编郭志娟负责第四章、第五章、第九章内容的编写，共计6万字符；副主编张鹏负责第六章、第八章、第十一章内容的编写，共计5.1万字符；副主编赵震凯参与了统稿校对工作。

作者在编写本书的过程中，深入研究了建筑工程质量监督与验收领域的最新发展和实践经验，力求将复杂的概念和流程用简练易懂的语言呈现出来。相信本书的出版能够帮助读者更好地理解建筑工程质量监督与验收的重要性，并运用所学知识提升自己的实践能力。

编　者

2024年4月

目　　录

第一章 工程质量监督概述

第一节 工程质量监督的内容和目的

一、工程质量监督的内容

工程建设是社会经济发展的重要支撑,而工程质量则直接关系到人民群众的生命财产安全和社会稳定。然而,近年来频繁发生的工程质量问题引起了广泛关注。为了确保工程质量和防范风险,工程质量监督应运而生。工程质量监督是指通过对工程项目全过程进行监管和检查,以确保工程项目按照设计要求进行施工,并符合相关法律法规和标准的要求。它涵盖了工程项目的规划、设计、施工、验收等各个环节,旨在保障工程质量的可靠性和安全性。

工程质量监督从项目规划阶段开始,对工程项目的整体方案进行审核与审查,确保设计方案的科学性、合理性,并符合相关要求。在施工过程中,工程质量监督通过全面监控和检查,确保施工按照设计要求进行,并严格遵守相关法律法规和标准。这包括现场巡视、材料检验、质量记录的管理等,能够及时发现和解决施工中存在的质量问题。工程质量监督还包括对工程项目的验收与评估。在工程项目完成后,进行验收工作,确保工程质量达到预期目标并符合相关要求。同时,在整个工程质量监督的过程中,对监督工作进行评估,总结经验教训,提升监督工作的水平和质量。

工程质量监督是指对工程项目施工过程中的各项工作进行全面、系统的监督和检查,确保工程质量符合相关标准和要求的一系列活动。其基本内容如下。

1.监督目标

工程质量监督的首要目标是确保工程质量符合法律法规、技术标准和设计要求,以保证工程的安全性、可靠性和耐久性。这意味着工程质量监督机构需要通过对施工过程和结果进行全面监督和检查,以确保工程项目在设计、材料选用、施工工艺等方面符合相关的法律法规和技术标准。只有工程质量符合要求,才能确保工程的安全性、可靠性和耐久性,最终满足用户需求,并保护公众利益。

2. 监督内容

(1) 材料选用

监督机构对工程项目中使用的材料进行审核和检查,确保材料符合相关标准和规范要求,如强度、耐久性、防火性能等。

(2) 施工工艺

监督机构对施工过程中的工艺操作进行监督,包括施工方法、施工顺序、技术要求等,确保施工工艺符合设计要求和技术规范。

(3) 质量控制

监督机构对施工现场的质量控制措施进行监督,如质量检测、试验等,确保施工过程中的质量符合要求。

(4) 施工计划执行

监督机构对施工进度计划的执行情况进行监督,确保施工按照计划有序进行,避免延期或进度滞后。

(5) 施工现场管理

监督机构对施工现场的管理情况进行监督,包括安全生产、环境保护、文明施工等方面,以确保施工现场的秩序和安全。

3. 监督责任

(1) 及时发现问题

监督机构应在施工过程中及时发现工程质量缺陷、隐患和违规行为,并向相关方提出整改要求。

(2) 纠正问题

监督机构应要求施工单位及时采取措施纠正工程质量问题,确保工程符合相关标准和要求。

(3)沟通与协作

监督机构应与业主、设计单位和施工单位建立有效的沟通和协作机制,共同推动工程质量的提高。通过密切合作,可以及时解决问题、协调各方利益,确保工程质量监督的顺利进行。

(4)监督报告

监督机构应向业主、设计单位和施工单位提交监督报告,详细记录监督情况、发现的问题和整改措施等,以便相关方了解工程质量的状况并采取相应措施。

(5)提供咨询和建议

监督机构还可以根据自身专业知识和经验,向相关方提供工程质量方面的咨询和建议,促进工程质量的改进和提升。

二、工程质量监督的目的

工程质量监督的目的是确保工程项目按照设计要求进行施工,质量符合相关标准和法规。通过工程质量监督,可以有效地控制施工过程中的风险和隐患,预防事故发生,并降低由于质量问题导致的经济损失。同时,工程质量监督还能促进工程建设行业的健康发展,推动产业升级和技术创新。

(一)提高工程质量水平

工程质量监督在提高工程质量水平方面发挥着重要作用。通过对施工过程的全面监管,工程质量监督人员能够及时发现和纠正施工中存在的质量问题,从而保障工程质量的可靠性和安全性。

第一,工程质量监督能够有效地监督各个环节的质量控制。在工程建设的不同阶段,包括规划、设计、施工、验收等环节,工程质量监督都能够对质量标准和要求进行全面监管。例如,在规划和设计阶段,工程质量监督可以对设计文件进行审核与审查,确保设计方案的科学性和合理性。在施工阶段,工程质量监督通过现场巡视、材料检验等手段,对施工过程进行全面监控和检查,确保施工按照设计要求进行。同时,工程质量监督还能对施工单位的管理和操作进行评估和指导,帮助其改进施工质量控制措施。

第二，工程质量监督能够确保设计要求得到落实并符合相关法律法规和标准。工程项目的设计是工程质量的基础，而工程质量监督能够对设计方案进行审核与审查，确保设计满足相关要求。在施工过程中，工程质量监督能够对施工单位的操作和工艺进行监督，确保施工符合设计要求和相关法律法规和标准。同时，工程质量监督能够有效地提高工程质量水平。

第三，工程质量监督还能够促进质量管理体系的建立和完善。通过对施工过程进行监管和检查，工程质量监督人员能够发现质量管理体系中存在的问题，并提出相应的改进建议。同时，工程质量监督还能够推动施工单位加强质量管理，建立科学、规范的质量管理体系，提升施工单位的质量控制水平。

（二）预防事故和减少损失

工程质量监督在预防事故和减少损失方面具有重要作用。通过对工程建设过程进行全面监管和检查，工程质量监督人员能够及时发现和排除潜在的安全隐患，预防事故的发生，并减少由于质量问题导致的经济损失。

第一，工程质量监督能够及时发现和排除潜在的安全隐患。在工程建设中，存在着许多潜在的安全风险和隐患，如施工材料不合格、施工操作不规范等。这些潜在的安全隐患如果不及时发现和解决，可能会引发严重的事故。通过加强工程质量监督，可以对施工过程进行全面监控和检查，及时发现并排除潜在的安全隐患，提高工程项目的安全性和可靠性。

第二，工程质量监督能够预防事故的发生。事故往往是由于质量问题引起的，如施工材料使用不当、施工工艺存在缺陷等。通过加强对工程建设过程的监管和检查，工程质量监督能够确保施工过程符合设计要求和相关法律法规，杜绝质量缺陷和安全隐患的存在。这样可以有效地预防事故的发生，保障工程项目的安全性和稳定性。

第三，工程质量监督还能减少由于质量问题导致的经济损失。质量问题往往会导致工程项目的重建或修复，给工程建设单位和投资者带来巨大的经济损失。通过加强工程质量监督，能够及时发现和纠正质量问题，避免出现重大质量缺陷和工程事故，从而减少由于质量问题导致的经济损失。同时，工程质量监督还能促进工程项目的可持续发展,提高工程项目的使用寿命和运营效益,为投资者创造更多的价值。

然而,要实现预防事故和减少损失的目标,工程质量监督也面临着一些挑战。首先是监督力度不强、监管措施不力的问题。工程质量监督需要加强对施工单位的监督,加大对质量问题的查处力度,提高整个监督过程的效能。其次是监督机构的能力和水平不足。工程质量监督机构需要具备一定的专业知识和技术能力,能够熟悉相关法律法规和标准,及时发现和解决质量问题。同时,还需要加强与相关部门和单位的信息共享与合作,形成联防联控的工作机制。

(三)促进产业升级和技术创新

工程质量监督不仅关注工程项目的表面问题,更注重对整个行业的发展推动。它可以鼓励企业改进管理机制和技术手段,促进产业升级和技术创新,推动工程建设行业向高质量、可持续的方向发展。

第一,鼓励企业改进管理机制和技术手段。工程质量监督通过评估和监督企业的质量管理体系和技术手段,鼓励企业不断改进自身的管理水平和施工技术。监督机构可以提供专业的指导和培训,帮助企业解决存在的问题,并推动其实施科学、标准化的管理措施。这有助于提高企业的生产效率和工程质量,增强其竞争力。

第二,促进产业升级和技术创新。工程质量监督能够推动产业升级和技术创新。监督机构密切关注新兴技术和先进工艺的发展,并将其引入工程项目中。这有助于提高行业整体的技术水平和竞争力,推动工程建设行业向高端、智能化的方向发展。同时,监督机构还可以推广和应用可持续发展的理念,促进绿色建筑和资源节约利用。

第三,推动工程建设行业向高质量、可持续的方向发展。工程质量监督的最终目标是推动工程建设行业向高质量、可持续的方向发展。通过加强对施工过程和材料质量的监管,可以提升工程项目的质量水平,减少质量事故的发生,保障公共安全。同时,加强对环境保护和资源利用的监管,有助于推动绿色建筑和可持续发展。这将为工程建设行业树立良好的形象,增强社会对其的信任度。

（四）推动工程建设行业向高质量、可持续的方向发展

工程质量监督可以推动工程建设行业向高质量、可持续的方向发展。通过加强对环境保护和资源利用的监管，可以促进绿色建筑和可持续发展。同时，提高工程项目的质量水平也有助于减少资源浪费和环境污染。

第一，加强对环境保护和资源利用的监管是工程质量监督的一项重要任务。通过规范施工过程中的环境管理和资源利用，可以减少对自然环境的影响，并促进绿色建筑的发展。例如，在材料选择上，可以推广使用环保材料，减少对自然资源的消耗和环境污染。同时，在施工过程中，严格控制废弃物的排放和处理，加强节能减排措施的实施，以降低对环境的负面影响。

第二，提高工程项目的质量水平对可持续发展具有积极意义。通过强化质量监督和管理，可以减少工程项目中的质量问题和安全隐患，确保项目按照规定标准进行设计和施工。这不仅有助于提升工程项目的可靠性和耐久性，也能够减少因质量问题而造成的资源浪费和环境污染。例如，合理选择和使用建筑材料，严格控制施工工艺，可以减少质量问题引起的重复修复和资源浪费。

（五）维护行业信誉

工程质量监督对于维护行业的声誉和信誉具有至关重要的作用。通过加强监督和管理，可以预防和遏制一些不良企业的违规行为，维护行业的良好形象。合格的工程质量监督机构能够提供专业的评估和指导，帮助企业改进管理机制和技术手段，从而提高行业整体的专业水平和竞争力。

第一，工程质量监督可以发现和纠正不良企业的违规行为。监督机构通过对工程项目的抽查、评估和监测，可以及时发现存在的问题和隐患，并要求企业采取相应的措施进行整改。这有助于防止一些企业出现以次充好、违规操作等行为，维护了整个行业的声誉和信誉。

第二，合格的工程质量监督机构能够提供专业的评估和指导，帮助企业改进管理机制和技术手段。监督机构可以根据相关法律法规和标准要求，对企业的质量管理体系和技术能力进行评估，并提供有针对性的建议和培训。这有助于推动企业不断提升自身的专业水平，提高工程项目的质量和效率。

第三,工程质量监督能够提高行业整体的竞争力。加强监督和管理,有助于建立一个公平竞争的市场环境,防止不良企业以低价、低质产品冲击市场。同时,合格的工程质量监督机构还能为消费者提供符合质量标准的产品和服务,增强行业的信任度和竞争力。

三、工程质量监督的意义

(一)保障人民生命财产安全

1.预防事故风险

工程质量监督通过对施工过程的监督,可以及时发现并纠正存在的质量问题,避免因工程质量不达标而发生事故和灾害。这有助于减少人员伤亡和财产损失。

2.确保结构稳定性

工程质量监督能够确保工程项目的结构稳定性,避免建筑物倒塌、桥梁坍塌等严重事故的发生。这对于保护人民的生命安全具有至关重要的意义。

3.提高设备可靠性

工程质量监督不仅关注建筑结构,还包括对设备、机械等方面的监督。确保设备的质量和可靠性,可以降低设备故障和事故的发生概率,保护人民的财产安全。

4.建立安全文化

工程质量监督促使施工单位和相关从业人员形成安全意识和安全文化。通过严格的质量监督,鼓励施工单位遵守安全规范和操作程序,提高工人的安全意识和责任感,减少事故的发生。

(二)提高工程质量水平

1.发现和纠正质量问题

工程质量监督通过对施工过程和结果的全面监督和检查,能够及时发现存在的质量问题,如施工工艺不规范、材料选用不当等。监督机构要求施工单位及时采取措施纠正问题,确保工程符合相关标准和要求。

2. 推动质量改进

工程质量监督通过持续的监督和检查，促使施工单位在实践中不断改进施工工艺和管理方法，提高施工质量。监督机构还可以向相关单位提供专业咨询和建议，推动工程项目的质量水平不断提升。

3. 强化质量控制

工程质量监督对施工现场的质量控制措施进行监督，确保施工过程中的质量控制得到有效执行。通过监督，可以防止出现质量缺陷，提高工程项目的整体质量水平。

4. 保障技术标准和要求的实施

工程质量监督要求施工单位严格遵守相关技术标准和要求，确保工程项目的设计、施工和验收符合规范。这有助于提高工程质量的一致性和可比性。

5. 增强用户满意度

通过对工程质量的全面监督和检查，可以确保工程项目符合用户需求和期望。提供高质量的工程项目能够增强用户的满意度，维护建筑行业的声誉和信誉。

（三）维护公共利益

1. 保障用户需求

工程质量监督能够确保工程项目按照设计要求和用户需求进行施工，从而提供高质量的建筑和基础设施。这有助于满足公众对于安全、舒适、便利等方面的需求，提升居民的生活品质。

2. 提升城市形象

高质量的工程项目能够改善城市的建设水平和形象。例如，优质的道路、桥梁、公园等基础设施能够提升城市的整体形象，吸引更多的人才、投资和旅游资源，促进城市的经济发展和社会进步。

3. 保障公共安全

工程质量监督能够确保工程项目的安全性，防止发生事故和灾害。例如，在建筑工程中，严格的质量监督可以避免建筑物倒塌或结构失稳等风险，保障居民的生命财产安全。

4. 维护公共利益

工程质量监督能够防止低质量工程项目的出现,避免浪费资源和资金。通过监督施工过程、材料选用、工艺标准等方面,可以确保工程项目达到预期的效果和寿命,最大限度地保护公众利益。

(四)保障工程投资效益

1. 防质量缺陷

通过严格的工程质量监督,可以及时发现和纠正工程施工中存在的质量问题和缺陷。这有助于避免质量问题扩大化,减少后期修复和重建的成本。预防质量缺陷能够有效地节省资源和资金开支,提高工程投资的效益。

2. 提升工程寿命

工程质量监督能够确保工程项目按照设计标准和技术规范进行施工,选择合适的材料和工艺,从而提高工程的耐久性和寿命。高质量的工程项目能够延长使用年限,减少维护和修复的频率和费用,为工程投资带来更长久的效益。

3. 优化资源利用

通过工程质量监督,可以确保工程项目的施工过程合理、高效,减少资源的浪费和损失。例如,在材料选用和施工工艺方面,严格的质量监督可以避免因为低质量材料或施工不规范而导致的资源浪费和能源消耗增加,提高资源利用效率,降低运营成本。

4. 增强投资回报

通过保障工程项目的质量,工程质量监督能够提升工程的竞争力和市场价值。高质量的工程项目往往更受欢迎,有更好的市场表现,可以获得更高的租金、销售价格或服务收益,实现更好的投资回报。

(五)增强社会信任和声誉

1. 提高业主和公众的信任

严格的工程质量监督可以确保工程项目按照设计要求和标准进行施工,提供高质量的建筑和基础设施。这有助于增强业主和公众对工程项目的信任,使他们更愿意选择并支持经过监督的建筑企业和监管机构。

2.增强施工单位的声誉

通过严格的工程质量监督,可以发现和纠正施工过程中存在的问题,确保工程质量达到预期水平。这有助于提升施工单位的声誉和形象,使其在市场竞争中脱颖而出,并获得更多的合作机会和合作伙伴。

3.形成信用体系

工程质量监督可以促进建立健全的建筑行业信用体系。通过对施工单位和监督机构的评价和监督,可以识别和记录守法、诚信的企业和个人,建立起信任和声誉的基础。这有助于推动整个建筑行业的规范发展,提高从业人员和机构的专业素质和道德水平。

4.保障用户权益

工程质量监督能够保护用户的合法权益,确保他们获得符合预期质量和安全标准的工程项目。这不仅增强了用户对建筑行业的信任,也为行业树立了良好的口碑和声誉。

第二节　工程质量监督的机构和职责

工程质量是建设工程项目中最重要的方面之一,而工程质量监督则是确保工程质量安全的关键环节。在各个层级和领域,都有相应的工程质量监督机构承担着监督、检查和评估工程质量的职责。

一、国家级工程质量监督机构

国家级工程质量监督机构是负责监督和管理全国范围内的建设工程质量的机构,其职责如下。

1.系统规划和政策制定

国家级工程质量监督机构在系统规划和政策制定方面发挥着重要作用。首先,他们需要根据国家的发展战略和行业特点进行全面的分析和研究,了解当前市场的需求和趋势。基于这些信息,他们可以制定适应当前市场需求的工程质量监督技术标准、规范和指南。

在制定工程质量监督的技术标准时,国家级机构需要考虑到工程领域的不同特点,如土木工程、电力工程、交通工程等。这些机构的工作人员会结合国内外的最新技术进展,借鉴国际上的先进经验和标准,确保制定的标准科学可靠。

此外,国家级机构还负责制定工程质量监督的规范和指南,以提供具体的操作指导。这些规范和指南会详细说明工程质量监督的程序、方法和要求,为工程质量监督人员提供参考和指导。通过规范和指南的制定,可以确保各项工程质量监督工作在实施过程中的一致性和准确性。

为了保证制定的技术标准、规范和指南的科学性和规范性,国家级工程质量监督机构通常会组织专家进行评审和论证。这些专家具有丰富的实践经验和专业知识,他们可以对制定的标准、规范和指南进行全面的审查和评估,确保其与国际接轨,并能够适应当前时代的需求。

2. 监督和检查工程质量

国家级工程质量监督机构在对全国范围内的重点工程进行监督和检查方面发挥着重要作用。他们会通过全程跟踪和抽查的方式,确保工程项目的设计、施工和验收过程符合相关标准和规范要求。

第一,在工程项目的设计阶段,国家级机构会参与评审和审查工程设计文件。他们会仔细审查设计图纸、技术规范和计算书等文件,确保设计方案符合工程质量标准和安全要求。如果发现问题或不合格之处,他们会提出意见和建议,并要求进行修改和调整。

第二,在工程项目的施工阶段,国家级机构会进行全程跟踪和监督。他们会派遣专业人员到工程现场进行巡查和检查,确保施工过程中各项工程质量要求得到严格执行。他们会关注施工工艺、材料选用、施工方法等方面的情况,并及时发现和纠正存在的问题。

第三,在工程项目的验收阶段,国家级机构会参与验收过程,确保工程质量符合相关标准和规范要求。他们会对工程项目进行抽样检查和评估,验证施工质量是否符合设计要求,并进行必要的测试和检测。如果发现不符合要求的情况,他们会要求整改,并确保整改措施的有效实施。

除了全程跟踪和抽查外，国家级机构还会定期组织专项检查和评估活动。他们会选择一些重点工程进行集中监督和检查，以确保工程质量的整体水平和提升。这些专项检查和评估通常包括对关键节点、重要构件和特殊工艺的检查，以及对工程材料的抽样检测等。通过对全国范围内的重点工程进行监督和检查，国家级工程质量监督机构能够及时发现和解决工程质量问题，确保工程质量符合相关标准和规范要求。他们的工作为建设工程的可持续发展提供了坚实的保障，同时也增强了公众对工程质量的信心和满意度。

3.技术支持和评估

国家级工程质量监督机构在提供技术支持和评估方面发挥着重要作用。他们具备专业的知识和经验，能够为各级工程质量监督机构提供专业指导和技术咨询。

第一，国家级机构会对各级工程质量监督机构的工作进行评估和审核。他们会根据相关法律法规和标准要求，评估工程质量监督机构的组织架构、人员配备、管理制度等方面是否符合要求。通过评估结果，他们可以及时发现问题，并提出改进措施，确保工程质量监督工作的科学性和准确性。

第二，国家级机构会积极解决工程质量监督中的技术难题和争议。他们会组织专家团队对涉及的技术问题进行研究和讨论，寻求解决方案。他们还会与相关行业组织和研究机构合作，开展联合研究和技术交流，共同攻克关键技术难题，推动工程质量监督工作的创新和进步。

第三，国家级机构会定期举办培训和学术交流活动，为各级工程质量监督机构提供专业知识和技能的更新。他们会邀请国内外的专家学者举办讲座和研讨会，分享最新的工程质量监督理论和实践经验。通过培训和学术交流，他们可以提高各级工程质量监督机构的专业水平，保持与时俱进。

第四，国家级机构会建立信息共享和协作机制，与各级工程质量监督机构保持紧密联系。他们会及时向下级机构传达相关政策、法规和技术要求，提供必要的指导和支持。同时，他们也会倾听下级机构的意见和建议，共同探讨和解决工程质量监督中的问题和困难。

4.处理工程质量事故

国家级工程质量监督机构在处理重大工程质量事故方面担负着重要责任。当发生重大工程质量事故时,他们会积极展开调查和处理工作,查明事故原因并追究相关责任。

第一,国家级机构会组织专业团队对事故进行调查。他们会深入现场,收集相关证据和资料,并与相关部门合作进行技术分析和评估。通过调查,他们能够全面了解事故发生的过程和原因,找出存在的问题。

第二,国家级机构会根据调查结果追究责任。他们会对事故中涉及的责任主体进行认定,并根据法律法规和相关规定,采取相应的处罚措施。同时,他们还会对责任人员进行问责,确保责任得到明确并得到有效追究。在处理重大工程质量事故过程中,国家级机构还会制定相应的整改措施。他们会针对事故中暴露出的问题和不足,提出具体的整改要求和措施,确保类似问题不再发生。这些整改措施通常包括技术改进、管理强化、流程优化等方面的要求,旨在提升工程质量水平和安全性。

第三,国家级机构还会向上级主管部门报告和通报事故情况。他们会及时向上级主管部门汇报事故调查结果、责任认定、整改措施等信息,以保障信息的透明度和及时性。通过向上级主管部门汇报,国家级机构能够借助上级的支持和指导,进一步推动事故处理工作的开展。

二、地方级工程质量监督机构

地方级工程质量监督机构是负责监督和管理本地区建设工程质量的机构,其职责如下。

1. 负责地方工程质量监督

地方级工程质量监督机构作为本地区工程质量的守护者,承担着重要的监督职责。他们在工程项目的全过程中,密切关注设计阶段的合理性和科学性,确保施工方案符合工程要求和安全标准。在施工过程中,他们严格按照施工图纸和技术规范进行检查,监督施工质量和进度,防止施工中出现违规行为和质量缺陷。同时,在验收阶段,他们对工程项目进行全面评估,核实是否达到设计要求和相关法规的要求。

为了加强监督力度,地方级工程质量监督机构积极开展工程质量问题的曝光和整治工作。他们建立投诉举报渠道,接受社会各界的监督和举报,及时处理和解决工程质量问题,维护公众利益和社会安全。此外,他们还与相关部门紧密合作,加强信息共享和交流,推动工程质量监督工作的协同配合。

地方级工程质量监督机构的存在和运行,为本地区的工程建设提供了坚实的保障。他们不仅是监督者和执法者,更是质量管理的推动者和改进者。通过持续的监督和检查工作,他们提高了工程质量水平,促进了工程建设的可持续发展。他们的努力和奉献为本地区创造了安全、可靠的工程环境,助力经济社会的健康发展。

2.协助国家级机构开展工作

地方级工程质量监督机构作为国家级机构的协助者,拥有丰富的本地区工程实践经验和专业知识。他们能够根据当地的地理环境、气候条件和建筑特点,有针对性地制定监督方案和检查标准。同时,地方级机构与国家级机构之间还开展培训和交流活动,促进双方的互相学习和提高。

地方级工程质量监督机构还承担着信息收集和统计的重要任务。他们通过对各类工程项目的监测和数据分析,及时掌握本地区工程质量状况和存在的问题。这些信息将被反馈给国家级机构,用于制定政策和规范的修订,以进一步加强工程质量管理。此外,地方级机构还积极参与相关调研和评估工作,为国家级机构提供实际情况的反馈和建议,共同推动工程质量监督体系的不断完善。

3.处理本地区工程质量事故

地方级工程质量监督机构在本地区工程质量事故发生后,承担着重要的处置职责。他们会迅速展开调查工作,深入分析事故原因和责任归属,确保准确查明事故背后的问题。通过对相关材料、施工记录和现场勘查等多种手段的综合运用,他们能够还原事故发生的全貌,并形成详尽的调查报告。

基于调查结果,地方级机构会制定相应的整改措施,针对事故中暴露的问题提出具体的解决方案。这些整改措施可能涉及施工工艺、材料选择、安全管理等方面的调整与改进,旨在防止类似事故再次发生,保障工程质量和建设安全。

此外,地方级工程质量监督机构还需要向上级主管部门报告和通报事故情况,以便得到更高级别的指导和支持。通过及时向上级汇报,上级部门可以了解事故的性质和影响,采取必要的措施加强对本地区工程质量监督的指导和监督。

三、企业级工程质量监督机构

企业级工程质量监督机构是工程建设企业内部设立的专门机构,其职责如下。

1. 内部质量监督

企业级工程质量监督机构承担着质量管理体系的建设和维护工作。他们制定并推行一系列质量管理制度和程序,加强对工程从业人员的培训和管理,提高其质量意识和技术水平。通过持续改进和优化,他们可以推动企业内部的工程质量管理不断提升,提高生产效率和产品质量。

此外,企业级工程质量监督机构还积极参与公司内部的质量风险评估和预警工作。他们通过分析数据和趋势,预测潜在的质量风险,并提出相应的控制措施,减少质量事故的发生。他们还与其他部门进行协作,共同推动全面质量管理的落实,实现企业内部工程质量的稳定提升。

2. 培训和指导

企业级工程质量监督机构在负责对企业内部的员工进行培训和指导方面起着重要作用。他们会根据员工的需求和工作职责,设计相关的培训课程,内容涵盖工程质量管理的各个方面。这些课程包括但不限于质量标准和规范、工程安全和环保要求、施工技术和质量控制方法等内容。

通过培训和指导,企业级机构能够帮助员工提高工程质量意识和技术水平。他们通过系统性的教育和实际操作的指导,让员工了解工程质量的重要性,掌握质量管理的基本理念和方法。同时,他们还鼓励员工参与专业认证和技能竞赛,提升个人的综合素质和职业发展。

3. 技术支持和协助

企业级工程质量监督机构在向企业内部各个部门提供技术支持和协助方面发挥重要作用。他们拥有丰富的工程质量监督经验和专业知识,能够解决工程质量监督中的技术问题和争议。

当各个部门在工程项目中遇到技术难题或存在争议时,企业级机构会提供专业意见和解决方案。他们通过现场勘查、数据分析和技术评估等手段,对问题进行全面的分析和研究。在这个过程中，他们与相关部门紧密合作，共同探讨解决方案，并给予技术支持和指导。

此外，企业级工程质量监督机构还积极参与工程质量管理体系的建设和优化。他们与企业内部的技术人员和管理人员合作，共同制定并实施质量管理措施和流程，提高工程质量监督的效果和效率。

通过提供技术支持和协助，企业级机构确保了工程质量监督工作的顺利进行。他们帮助企业内部解决技术难题和纠纷，促进各部门之间的合作和沟通。这有助于提高工程项目的质量水平，确保企业的可持续发展和市场竞争力。

4.内部质量管理体系建设

企业级工程质量监督机构在建立和完善企业内部的质量管理体系方面具有重要职责。他们制定并执行相关的质量管理制度和流程，以确保工程质量监督工作的科学性和规范性。

第一，企业级机构会制定一系列质量管理制度，包括质量政策、目标和指标等。这些制度明确了企业对工程质量的要求和期望，为工程质量监督工作提供了指导和依据。

第二，企业级机构会设计和推行一套完整的质量管理流程，覆盖工程项目的各个环节。这些流程包括质量计划编制、质量控制和检查、不良事件处理等。通过流程的规范化和标准化，确保工程质量监督工作的可追溯性和持续改进。

第三，企业级机构还负责培训员工，提高他们的质量意识和技术能力。他们会组织内部培训课程，传授相关的质量管理知识和技能，使员工具备适应工程质量监督工作的能力。

第三节　工程质量监督的工作流程

工程质量监督是指对各类工程项目的施工过程和结果进行监督、检查和评估，以确保工程质量符合相关标准和规范。工程质量监督的工作流程是一个系统、有序的过程，涉及多个阶段和参与者。下面详细介绍工程质量监督的工作流程，并从立项阶段、设计阶段、施工准备阶段、施工阶段、竣工阶段和验收阶段六个阶段进行阐述。

一、立项阶段

1.需求确认和计划制定

在立项阶段,工程质量监督的第一步是进行需求确认和计划制定。这个阶段非常关键,它涉及与业主或委托方的充分沟通,以确保明确项目的性质、要求和目标,进而确定监督的范围和内容。

第一,工程质量监督机构需要与业主或委托方进行沟通,了解他们对工程质量的期望和要求。通过与业主或委托方的深入交流,可以明确工程的整体目标、质量标准和监督重点。例如,工程可能需要符合特定的安全标准、环境规范或可持续发展要求。同时,还需要考虑工程的功能需求和使用要求,确保工程质量满足业主或委托方的实际需求。

第二,工程质量监督机构将根据需求确认的结果,制定详细的工程质量监督计划。这个计划应该包括监督的时间节点、监督的具体内容和方法、所需人员的配备等。计划的制定需要充分考虑项目的特点和要求,确保监督工作能够全面、有序地进行。例如,对于大型复杂工程,可能需要安排更多的监督人员和更频繁的监督检查。而对于小型项目,可以适度调整监督频率和人员配备。

在制定计划的过程中,还需要考虑到监督工作的可行性和有效性。这包括评估监督资源的可用性,确定监督方法的适用性,并充分考虑时间和成本因素。监督计划应该合理、可行,并能够在预算和时间限制内完成。为了确保监督工作的顺利进行,可能需要与相关方沟通协调,解决资源和时间安排上的问题。

2.合同签订和协调安排

在需求确认和计划制定阶段之后,工程质量监督机构与业主或委托方将签订合同,明确双方的权责和义务。这个合同是工程质量监督工作的法律依据,具有保障监督工作独立性和公正性的重要意义。

(1)监督范围和内容

合同应明确监督的范围和内容,包括监督的时间节点、监督的阶段和环节等。

具体来说,合同中可以约定监督的起止日期、监督的对象(如施工过程、材料采购等)、监督的方法和要求等。

(2)监督人员和团队

合同中应明确工程质量监督机构派遣的监督人员和团队,确保监督人员具备相关专业知识和经验。同时,合同还可以约定监督人员的职责和义务,以及监督团队的配备和组织。

(3)监督报告和沟通方式

合同中可以约定监督报告的提交要求和频率,以及与业主或委托方进行沟通的方式和频率。监督报告应详细记录每次巡视、检测和验收的结果,并提供专业的评估和建议。

(4)保密条款和违约责任

合同中应包含保密条款,明确双方对于工程质量监督过程中涉及的商业机密和敏感信息的保护责任。同时,合同还应规定各方在合同履行过程中的违约责任和解决争议的方式。

(5)合同变更和终止

由于工程项目可能面临变动和调整,合同中应设定相应的变更和终止条款。这些条款应明确变更或终止的条件、程序和权利义务。

签订合同后,工程质量监督机构将按照合同约定进行监督工作的具体安排。这包括根据合同约定协调人员的派遣和时间的安排,以确保监督工作按计划顺利进行。同时,监督机构需要确保监督工作的独立性和公正性,不受其他利益关系的干扰。

二、设计阶段

1. 设计文件审查

在设计阶段,工程质量监督的核心工作是对设计文件进行审查。这个阶段的目标是确保设计方案符合相关的标准、规范和要求,并能够满足工程项目的功能和安全性。

第一,监督人员将对设计文件进行全面评估,包括结构设计、材料选用、施工工艺等方面的内容。他们会仔细检查设计方案的技术可行性和合理性,确保结构的稳定性、抗震性和承载能力等符合要求。同时,监督人员还会关注材料的选择是否合理,包括材料的性能、质量和适用性等。此外,他们也会审查施工工艺和方法,确保施工过程中的操作步骤和程序符合安全和质量要求。

第二,通过审查设计文件,监督人员可以发现并纠正设计中存在的缺陷和问题。如果发现设计方案存在不合理或不符合要求的地方,监督人员会与设计单位进行沟通,提出修改建议或解决方案。这样可以确保设计文件的质量和完整性,为后续的施工工作打下良好的基础。

第三,与设计单位的沟通是设计阶段工程质量监督的重要环节。监督人员需要与设计单位密切合作,解决设计中遇到的问题,并就相关技术和工程要求进行讨论和交流。这种沟通可以促进双方的理解和协作,提高设计文件的质量和可行性。

2.技术交流和协调

在设计阶段,监督人员的技术交流和协调工作与设计单位至关重要。他们通过与设计单位进行沟通,了解设计方案的具体实施情况,并提供必要的技术支持和建议。这种交流和协调的过程对于确保设计方案的合理性和可行性至关重要,为后续的施工工作打下良好的基础。

第一,监督人员与设计单位进行技术交流,旨在深入了解设计方案的各个细节和技术要求。他们可以与设计师一起讨论方案中的关键问题,并就解决方案的可行性进行讨论。通过这种交流,监督人员可以充分了解设计单位的意图和目标,从而更好地提供有针对性的技术支持。

第二,监督人员在技术交流的过程中还可以提出必要的建议。基于他们在相关领域的专业知识和经验,监督人员可以评估设计方案的优势和潜在风险,并提出改进的建议。这些建议可能涉及材料选择、结构设计、施工方法等方面,旨在优化设计方案并提高施工效率。

第三,技术交流和协调工作还可以帮助监督人员与设计单位之间建立良好的工作关系。通过积极的沟通和合作,双方可以相互理解和尊重,共同努力达到项目目标。监督人员可以及时解答设计单位的技术问题,并提供必要的支持,以确保设计方案的顺利实施。

三、施工准备阶段

1.施工组织设计审查

在施工准备阶段,工程质量监督的任务之一是对施工组织设计进行审查。监督人员将仔细评估施工组织设计的各个方面,包括施工方案、施工工艺和安全预防措施等内容。通过审查施工组织设计,监督人员能够及时发现并纠正施工中存在的问题和隐患,确保施工组织设计的合理性和可行性。

第一,监督人员会对施工方案进行审查。他们会仔细研究施工方案中的施工顺序、工序安排和施工方法等内容,评估其是否符合项目的实际情况和技术要求。如果发现不合理或存在风险的地方,监督人员将提出修改建议,并与相关方面进行充分沟通和协商,以达到最优化的施工方案。

第二,监督人员还会对施工工艺进行审查。他们会关注施工过程中可能涉及的技术难点和关键环节,评估施工工艺的可行性和有效性。如果发现施工工艺存在问题或需要改进的地方,监督人员将提供专业意见和技术支持,确保施工过程能够顺利进行。

第三,监督人员还会对施工组织设计中的安全预防措施进行审查。他们会关注施工现场的安全管理措施、危险源识别和防范措施等方面内容,评估其是否符合相关法规和标准要求。如果发现存在安全隐患或不足之处,监督人员将提出改进建议,并确保施工过程中的安全风险得到有效控制。

2.质量计划编制和审核

在施工准备阶段,监督人员需要参与质量计划的编制和审核工作。质量计划是施工单位制定的一份详细的质量管理文件,其中包括各项工作任务的分解、责任的明确、质量控制的措施和方法等内容。监督人员的任务是对质量计划进行审核,以确保其符合相关标准和规范要求。

第一,监督人员将参与质量计划的编制过程。他们会与施工单位的技术人员和质量管理人员共同讨论,确定质量计划中需要包含的内容和要求。监督人员会根据项目的特点和相关标准,提供专业建议和意见,确保质量计划能够全面而具体地反映出项目的质量管理要求。

第二,监督人员将对编制完成的质量计划进行审核。他们会仔细审查质量计划中的各项内容,包括工作任务分解、责任划分、质量控制措施和方法等方面。监督人员会评估质量计划的完整性、合理性和可行性,确保其中的要求符合相关标准和规范要求。如果发现不合理或缺失的地方,监督人员将提出修改建议,并与施工单位进行沟通和协商,以达成共识。

第三,通过质量计划的编制和审核工作,监督人员可以明确各项工作任务和质量目标。这有助于施工单位建立起一套科学有效的质量管理体系,指导后续的施工工作。同时,质量计划还能够明确责任和权限,加强质量控制措施和方法的落实,从而提高质量和效率。

四、施工阶段

1. 施工现场管理

工程质量监督的核心工作是对施工现场进行监督和管理。监督人员需要定期巡视施工现场,检查施工过程中是否存在违规行为或质量问题,如施工材料的选用、施工方法的正确性等方面。

第一,监督人员会定期到达施工现场进行巡视。他们会仔细观察施工过程中的每个环节,包括土方开挖、基础施工、结构施工、安装工程等。监督人员会检查工程现场是否按照设计图纸和施工规范进行,材料是否符合质量要求,施工过程是否存在安全隐患等。如果发现任何违规行为或质量问题,监督人员将立即采取措施并与施工单位沟通解决。

第二,监督人员需要与施工单位保持良好的沟通和协调。他们会与项目经理、施工班组长等人员进行交流,了解施工中遇到的问题和困难。监督人员会提供技术支持和解决方案,帮助施工单位克服困难,确保施工按照设计图纸和相关规范进行。同时,监督人员还会与施工单位进行工作汇报和进度跟踪,确保工程进展符合计划并及时采取措施处理延误或质量问题。

在整个施工阶段,监督人员起到了重要的质量保障作用。他们通过巡视施工现场和与施工单位的沟通协调,确保施工过程中的质量控制和问题解决。这有助于减少质量风险,保证工程质量的稳定性和可靠性。同时,监督人员也能够及时发现和纠正施工中的不足,提高工程的整体质量水平。

2.质量检测和验收

在施工阶段,工程质量监督还包括对施工质量进行检测和验收的工作。监督人员将对施工过程中的关键节点进行抽样检测,以确保施工质量符合相关标准和规范要求。检测内容涵盖施工材料的质量、施工工艺的合理性、结构的安全性等方面。在施工完成后,监督人员还会进行整个工程的验收,以确保工程质量达到预期目标。

第一,监督人员将根据施工进度和重要节点,选择适当的时机进行抽样检测。他们会检查施工现场的施工质量控制措施是否得当,材料的选用是否符合要求,施工工艺是否正确执行等。通过检测,监督人员能够发现施工中可能存在的质量问题和潜在风险,并及时采取措施纠正,确保工程质量符合标准和规范要求。

第二,在施工完成后,监督人员将进行工程的验收工作。他们会全面评估工程的质量和完工情况,包括结构的稳定性、设备的运行情况、工程的外观质量等方面。验收过程中,监督人员会与设计单位和施工单位进行沟通和协调,确保工程符合设计图纸和相关规范要求。只有通过验收,工程才能正式交付使用,并具备预期的质量和安全性能。

质量检测和验收工作的准确性和可靠性对于工程的质量和安全至关重要。因此,监督人员需要具备专业的知识和技能,以确保检测和验收工作的准确执行。他们应熟悉相关标准和规范,掌握先进的检测方法和技术,并具备严谨的态度和判断力。

3.质量记录和报告

在施工阶段,监督人员需要做好质量记录和报告工作。他们会详细记录每次巡视、检测和验收的结果,并编制相应的监督报告。这些报告将提供给业主或委托方,以便他们了解和评估工程质量的情况。质量记录和报告的准确性和完整性对于工程质量的评估和追溯具有重要意义,同时也是监督人员与业主或委托方进行沟通和交流的重要依据。

第一,监督人员会及时记录每次巡视、检测和验收的结果。他们会详细记录所发现的问题、隐患、整改措施等信息,并在记录中标明时间、地点、相关人员等关键信息。这些记录将提供有力的证据和依据,用于评估工程质量的合规性和符合性。

第二,监督人员根据记录内容编制相应的监督报告。监督报告通常包括工程质量的总体情况、存在的问题和风险、整改措施的落实情况等方面。报告还可能包括对施工单位的评价和建议,以及对后续工程进展的预测和建议。监督报告的编制需要准确、客观,并遵循相关的标准和规范要求。

第三,监督人员将向业主或委托方提交质量记录和报告。这些记录和报告将为业主或委托方提供了解工程质量情况的重要依据,以便他们对工程进行评估和决策。监督人员应确保质量记录和报告的及时提交,以满足业主或委托方的需求。

质量记录和报告的准确性和完整性对于工程质量的评估和追溯具有重要意义。它们不仅是监督人员工作的结果展示,也是与业主或委托方进行沟通和交流的重要工具。通过准确的记录和详尽的报告,监督人员可以提供客观、全面的工程质量情况,促进合理的决策和问题的解决。

五、竣工阶段

1.竣工资料整理和归档

(1)资料追溯和评估

通过整理和归档竣工资料,可以建立完备的资料档案系统,方便今后对工程质量进行追溯和评估。监督人员可以根据这些资料了解工程项目的具体情况,包括施工过程、质量检测结果、验收记录等,从而评估工程的质量水平,并及时发现存在的问题。

(2)提供经验和参考

竣工资料的整理和归档为今后类似工程的监督工作提供了宝贵的经验和参考。监督人员可以借鉴以往的经验教训,总结成功的做法和方法,改进监督工作的方式和效果。这有助于提高工程质量监督的专业水平和有效性。

(3)法律依据和证明材料

竣工资料的整理和归档也具有法律依据和证明材料的作用。在纠纷解决和法律诉讼中,这些资料可以作为证据,证明工程的质量状况和相关责任。监督人员可以依据这些资料提供专业的技术支持和证明,维护公正和公平。

(4)信息共享和交流

通过整理和归档竣工资料,可以促进信息的共享和交流。监督人员可以将这些资料与其他相关部门、机构或专家进行沟通和交流,获取更多的意见和建议。这有助于形成跨部门、跨领域的合作机制,推动工程质量监督的协同发展。

2.后期跟踪和服务

(1)定期联系业主或委托方

监督人员需要与业主或委托方保持定期联系,了解工程使用中是否存在质量问题。通过沟通和交流,监督人员可以及时掌握工程运行情况,发现潜在的质量隐患,并提供必要的技术支持和解决方案。

(2)发现和解决质量问题

后期跟踪和服务工作的核心是发现和解决工程质量问题。监督人员可以通过实地检查、数据分析等方式,对工程进行全面的质量评估。一旦发现质量问题,监督人员应及时采取有效的措施,与相关方面合作解决问题,确保工程质量的长期稳定性。

(3)提供技术支持和解决方案

在后期跟踪和服务过程中,监督人员需向业主或委托方提供必要的技术支持和解决方案。他们可以根据专业知识和经验,为业主解答疑问,提供改善建议,并协助业主制定工程维护计划,确保工程设施的正常运行和维护。

(4)沟通和交流

后期跟踪和服务工作也是与业主或委托方进行沟通和交流的机会。监督人员可以了解业主对工程质量监督工作的意见和建议,以不断改进监督工作的质量和效果。同时,他们还可以向业主介绍最新的技术标准和发展趋势,促进双方的共同进步。

3.结案和总结

(1)评估监督过程

结案和总结工作包括对整个监督过程进行评估。监督人员将回顾监督工作的各个环节，评估工作的执行情况、效果和问题，并分析存在的不足之处。通过评估监督过程，可以发现工作中的薄弱环节并加以改进，从而提高工作质量和效率。

(2)总结经验教训

结案和总结工作还涉及总结经验教训。监督人员将梳理整个监督过程中的成功经验和失败教训，总结出有效的监督方法和策略，为今后的工程质量监督提供参考和借鉴。这有助于不断改进和提升工程质量监督的水平和效果。

(3)与业主或委托方沟通

结案和总结工作还需要与业主或委托方进行结案沟通。监督人员与业主共同回顾和评价工程质量监督的工作，听取业主对工作的反馈和意见，确保双方对监督工作的满意度。这有助于加强与业主的合作关系，增进双方的互信和理解。

(4)提供参考和借鉴

结案和总结工作产生的评估报告和经验总结可以作为今后工程质量监督的参考和借鉴。监督人员可以将这些报告和总结分享给相关部门、机构或专家，促进经验交流和共同进步。同时，也可以为其他类似工程项目的监督工作提供指导和支持。

六、验收阶段

(一)验收准备和组织

1.核对竣工资料

监督人员需要核对竣工资料，包括施工图纸、质量检测报告、验收记录等。他们将仔细查阅这些资料，确保其完整、准确，并与实际情况相符。核对竣工资料有助于了解工程的具体情况和质量状况，为验收工作提供必要的依据。

2.检查质量记录

监督人员需要检查工程的质量记录，包括施工过程中的质量检查报告、试验记录等。他们将评估这些质量记录是否符合相关标准和规范，是否存在质量问题。通过检查质量记录，监督人员可以初步判断工程的质量水平，为验收工作做好准备。

3. 协调相关部门

验收工作通常涉及多个部门和单位的参与,如建设单位、设计单位、监理单位等。监督人员需要与这些部门协调,确保各方的配合和协同工作。他们将与相关部门沟通验收的时间、地点、内容等事宜,并提供必要的技术支持和解答疑问。

4. 组织验收过程

监督人员负责组织验收过程,包括召集相关方参与验收、制定验收计划和程序、指导验收操作等。他们将确保验收过程符合相关标准和规范,依据资料和实际情况评估工程的质量状况。同时,监督人员还需记录验收过程中的问题和意见,并及时进行反馈和处理。

(二)现场验收和报告编制

1. 现场验收

监督人员将对工程现场进行实地验收,检查工程是否符合设计要求、施工规范和相关标准。他们会仔细观察工程结构、装修装饰、设备设施等方面,发现存在的问题和缺陷。例如,墙面平整度、管道连接是否牢固、电气设备运行是否正常等等。同时,监督人员也会与施工单位的代表进行沟通,了解他们的工作情况和解决问题的计划。

2. 整改意见和建议

在现场验收过程中,监督人员将根据发现的问题和缺陷提出整改意见和建议。这些意见和建议可能涉及施工工艺、材料选用、技术标准等方面。监督人员会与施工单位和相关责任方讨论并达成共识,制定整改方案和时间表。通过提出整改意见和建议,有助于纠正工程中的问题,提升工程的质量水平。

3. 验收报告编制

根据现场验收的结果,监督人员将编制验收报告。报告中通常包括工程概况、验收过程和方法、问题和缺陷清单、整改意见和建议等内容。监督人员会对工程的质量状况进行评估和总结,提供详细的说明和分析。验收报告是对工程质量的正式评估和记录,也是与业主或委托方进行沟通和交流的重要依据。

通过现场验收和报告编制，监督人员可以全面了解工程的质量状况，发现存在的问题和缺陷，并提出整改意见和建议。这有助于确保工程符合相关要求和标准，提高工程的质量水平。同时，验收报告也为业主或委托方提供了权威的评估和参考，帮助他们做出决策和提出建议。

（三）最终结算和交接

1.最终结算

监督人员将与业主或委托方进行最终结算，确认工程质量监督工作的费用和支付事项。双方会核对监督服务的工作量、工期以及相关协议中约定的费用等，确保结算的准确性和公正性。最终结算的目的是解决费用问题，使双方达成共识并完成结算程序。

2.文件和资料交接

监督人员将向业主或委托方交接相关的监督文件和资料。这些文件和资料可能包括竣工验收报告、质量检测报告、施工图纸、验收记录等。通过文件和资料的交接，业主或委托方可以获得工程质量监督的详细信息和评估结果，为今后的管理和维护提供参考和依据。

3.知识和经验分享

在交接过程中，监督人员可以与业主或委托方分享他们在工程质量监督过程中的知识和经验。他们可以向业主介绍工程的关键质量要点和注意事项，提供相关的技术指导和建议。这有助于业主或委托方更好地了解工程质量监督的重要性，并在今后的工程项目中做出更明智的决策。

通过最终结算和交接工作，监督人员与业主或委托方完成了他们之间的合作和协调。双方通过结算达成共识，确保费用问题得到妥善解决。同时，文件和资料的交接使业主或委托方能够获得准确的工程质量监督信息，为工程的后续管理和维护提供支持。

第二章　工程质量验收标准概述

第一节　工程质量验收标准的意义和作用

一、工程质量验收标准的含义

（一）工程质量验收标准的定义

工程质量验收标准是指在工程项目完成后，对其进行检查和评估的一系列规定和要求。它是用来衡量工程项目是否符合预定的质量标准和技术要求的指导性文件。

通过工程质量验收标准，可以对工程项目的各个方面进行全面、客观、科学的评估，确保工程的质量达到预期目标。这些标准可以涉及工程施工质量、结构安全、装修、设备设施、管道工程、绿化环境、安全防火、环境保护等多个方面。

工程质量验收标准的制定可以依据国家相关法律法规、行业标准、技术规范以及工程项目的特定需求等进行确定。它为验收人员提供了明确的判定标准，以便验收人员对工程项目进行严格的检查和评估，确保项目的质量符合要求，达到预期效果。

通过严格执行工程质量验收标准，可以有效地控制工程质量，提升工程建设的水平和信誉度，保障工程项目的安全、可靠、稳定运行，并满足人们对于生活、生产和环境的需求。

（二）工程质量验收标准的内容

1.结构安全性

结构安全性是工程质量验收的重要指标之一。在验收过程中，验收人员会对建筑物的抗震性能、承载力以及结构材料的质量等进行评估，以确保建筑物在正常使用条件下能够安全稳定地运行。

2.建筑外观质量

建筑外观质量直接关系到建筑物的美观度和整体形象。在验收过程中，验收人员会对建筑物外立面的平整度、垂直度、表面光洁度等指标进行检查，确保建筑物外观符合设计要求，并具备良好的视觉效果。

3.室内装饰质量

室内装饰质量是影响居住环境的重要因素。在验收过程中，验收人员会对墙面、地面、天花板、门窗等装饰材料的选用和施工质量进行评估，以确保室内环境美观、舒适，并满足相关的卫生、防火等要求。

4.设备设施功能性

设备设施的功能性是工程质量验收的关键内容之一。在验收过程中，验收人员会对各类机械设备、电气设备、管道系统等的安装和调试情况进行检查，以保证设备设施的正常运行和使用功能的实现。

5.施工工艺和质量控制

施工工艺和质量控制是确保工程质量的重要手段。在验收过程中，验收人员会评估施工过程中采取的各项技术措施和质量控制方法，以确保施工质量符合相关标准和规范，同时也能提高工程的可持续性和耐久性。

6.环境保护要求

环境保护是现代工程建设的重要要求之一。在验收过程中，验收人员会关注工程建设对周围环境的影响和污染防治措施的落实情况，以保护生态环境和公共利益。

7.安全生产要求

安全生产是工程建设不可忽视的重要方面。在验收过程中，验收人员会对建筑施工期间的安全生产管理、施工现场的安全设施和操作规程等进行检查，以保障工人和周围居民的人身安全。

8.相关法律法规要求

工程质量验收必须符合国家和地方相关法律法规的要求。在验收过程中，验收人员会根据具体的法律法规对工程质量进行评估和验收,确保工程符合法律法规的规定,遵守相关的标准和规范。

9. 绿化环境标准

关于园林绿化、景观设计、植物配置等方面的规定,保证工程项目在环境美化和生态保护方面符合要求。

10. 安全防火标准

对建筑物的防火措施、消防设施等进行验收,确保工程项目的消防安全。

二、工程质量验收标准的意义

(一)保证工程质量符合标准和规范

工程质量验收标准的制定是基于相关法律法规、技术规范和标准,旨在确保工程质量达到预期目标,并符合国家和行业的要求。这些标准提供了一系列具体的指标和要求,涵盖了工程建设中的各个方面。工程质量验收标准根据相关法律法规进行制定,以确保工程质量符合国家法律法规的要求。这些法律法规可能包括建筑法、安全生产法、环境保护法等,旨在维护公共利益和保障社会的安全与健康。工程质量验收标准还参考了技术规范和行业标准。技术规范是根据工程建设的特点和需求,由专业机构或行业组织制定的技术指导文件。它们详细规定了工程质量的各项指标和要求,如结构设计、施工工艺、材料选用等。行业标准是在特定行业领域内制定的规范,例如钢结构行业、电力行业等,旨在确保行业内工程质量的可靠性和一致性。

通过按照工程质量验收标准进行验收,可以确保工程质量达到预期目标。验收标准明确了对工程质量的各项要求和指标,为工程建设提供了科学的依据。同时,它们也起到了监督和评估工程质量的作用,有助于发现和纠正工程中存在的问题和不足,促进工程质量的持续改进。

(二)评估和监督工程质量

工程质量验收标准的制定和执行是对工程质量进行评估和监督的重要依据。通过按照验收标准对工程进行检查和评估,可以客观地判断工程质量的优劣,并发现存在的问题和不足之处。验收标准提供了一种衡量和监督工程质量的手段，有助于及时发现和纠正质量问题，提高工程质量水平。

第一，工程质量验收标准明确了工程质量的各项指标和要求，如结构安全性、施工质量、材料使用等。按照这些标准进行验收，可以客观地评估工程质量的优劣，发现可能存在的问题和不足。通过检查和评估，监督人员能够了解工程质量的实际情况，从而采取相应的措施改进和提升工程质量。

第二，工程质量验收标准提供了一种监督工程质量的方法和依据。按照验收标准对工程进行检查和评估，可以及时发现质量问题和风险，并要求施工单位采取相应的整改措施。通过监督工程质量，可以促使施工单位加强质量管理，提高施工过程的合规性和质量可靠性。

第三，工程质量验收标准还有助于推动工程质量的持续改进。通过按照验收标准进行评估，可以发现存在的问题和不足，促使施工单位及时改进和提升工程质量。同时，验收标准的执行也为工程建设提供了一个共同参照的基准，促使各方关注和提升工程质量，形成良好的质量管理氛围。

（三）维护公共利益和保障安全性能

工程质量验收标准的制定和执行旨在维护公共利益和保障工程的安全性能。验收标准涵盖了工程结构的安全性、设备的运行可靠性、使用寿命等重要指标，以确保工程在投入使用后能够安全可靠地运行，避免发生事故和损失。

第一，工程质量验收标准关注工程结构的安全性。这包括对工程的承载能力、稳定性和抗震性等方面进行评估。通过按照验收标准进行检查，可以确保工程结构满足相关设计要求和建筑法规的要求，具有足够的强度和稳定性，以应对各种荷载和自然灾害的影响。

第二，工程质量验收标准考虑了设备的运行可靠性。这包括对工程中使用的各类设备的质量和可靠性进行评估，确保设备能够正常运行，并达到设计要求和性能指标。通过对设备按照验收标准进行检查，可以发现潜在的故障风险和不合格设备，并要求施工单位采取相应的措施解决问题，以保证设备的安全可靠运行。

第三，工程质量验收标准还关注工程的使用寿命和耐久性。这包括对材料的质量、施工工艺的合理性等方面进行评估，确保工程能够长期稳定地使用，延长使用寿命，并降低维护和修复的成本。通过按照验收标准检查工程质量，可以发现材料不合格、施工缺陷等问题，并要求及时整改，以保证工程的耐久性和可持续性。

第四，工程质量验收标准注重维护公共利益。公共利益是社会各方共同关心的重要问题，工程质量的验收标准旨在确保工程对社会和公众产生积极影响。在验收过程中，验收人员会评估工程对周围环境、城市形象、交通流动等方面的影响，以保证工程建设符合社会可持续发展的要求，不对公共利益造成负面影响。

第五，工程质量验收标准强调保障安全性能。安全性是工程建设不可忽视的重要因素，工程质量的验收标准致力于确保工程在投入使用后具备良好的安全性能。在验收过程中，验收人员会对工程施工期间的安全管理措施、消防设施等进行检查，以保障工人和居民的人身安全。同时，还会评估工程的防火性能、逃生通道、应急救援设施等，确保工程在突发事件发生时能够及时、有效地应对，保障人员的生命安全。

（四）促进技术创新和质量提升

工程质量验收标准的制定是基于科学技术的不断进步和实践经验的总结。随着技术的不断发展，验收标准也会不断更新和完善。通过对工程按照最新的验收标准进行评估，可以推动技术创新和质量提升。验收标准对于引领工程质量的发展和提高具有积极的推动作用。

第一，随着科学技术的进步，工程建设所使用的材料、施工技术和工艺等方面也在不断更新和改进。为适应这些变化，工程质量验收标准需要及时调整和更新，以反映最新的科技水平和行业要求。通过按照最新的验收标准进行评估，可以促进工程建设中的技术创新和质量提升。

第二，实践经验的总结和反馈也为工程质量验收标准的制定提供了重要依据。通过对已完成工程的实际情况进行分析和总结，能修订和完善验收标准，以提高其适用性和实用性。

第三,工程质量验收标准的更新和完善还受到相关技术规范和国家标准的影响。这些规范和标准是根据科学研究、实践经验和法律法规制定的,涵盖了工程建设的各个方面。工程质量验收标准应与这些规范和标准保持一致,以确保工程质量符合国家和行业的要求。

三、工程质量验收标准的作用

(一)评估工程质量水平

1. 客观评估

工程质量验收标准为对工程质量进行客观评估提供了一套明确的指标和标准。通过执行验收标准,监督人员可以根据标准要求对工程项目的设计、施工和使用情况进行全面、细致的检查和评估。这有助于消除主观因素的影响,使评估结果更加客观、准确。

2. 全面检查

全面检查包括设计符合性、施工质量、材料选用、工程安全等。通过全面检查,可以发现潜在的质量问题和缺陷,从而评估工程的整体质量水平。这有助于及早发现和解决问题,确保工程达到预期的质量要求。

3. 确定符合性

工程质量验收标准规定了工程质量的各项要求和标准,包括技术规范、相关法律法规等。通过执行验收标准,可以确定工程项目是否符合这些要求和标准。评估工程质量水平时,监督人员将根据验收标准的规定进行比对和判断,确定工程项目是否达到了预期的质量水平。

4. 提供依据和参考

工程质量验收标准为评估工程质量水平提供了依据和参考。验收标准中明确了各项指标和要求,监督人员可以根据这些标准来进行评估和判断。同时,验收标准还提供了评估结果的分类和等级标准,使评估结果更具可比性和可操作性。这有助于监督人员进行科学、全面的评估,确保评估结果的准确性和可靠性。

（二）发现和纠正质量问题

1.进行全面检查

工程质量验收标准要求对工程项目各个方面进行全面检查，包括设计、施工、材料选用、工程安全等。通过全面检查，监督人员可以发现潜在的质量问题和缺陷。这有助于及早识别存在的风险和隐患，避免问题进一步扩大和影响工程质量。

2.及时发现问题

通过执行工程质量验收标准，监督人员能够及时发现工程中的质量问题。他们会仔细观察工程项目的实际情况，对施工质量、材料使用、工程安全等进行检查和评估。一旦发现问题，监督人员将及时记录并通知相关责任方，促使他们采取相应的整改措施。

3.提出整改措施和建议

工程质量验收标准要求监督人员提出整改措施和建议，针对发现的质量问题和缺陷提出解决方案。监督人员会与相关责任方协商和讨论，制定整改计划和时间表，并提供技术指导和支持。通过采取及时的整改措施，可以纠正质量问题，确保工程达到预期的质量标准。

4.提高工程质量

通过发现和纠正质量问题，工程质量验收标准有助于提高工程质量水平。监督人员在评估过程中发现的问题和缺陷，可以为今后的工程项目提供经验教训和借鉴。同时，执行严格的质量标准和要求，可以促使责任方加强质量管理和控制，提高工程质量的稳定性和可靠性。

（三）规范工程管理和监督

1.明确责任和义务

工程质量验收标准明确了各方在工程管理和监督中的责任和义务。它界定了建设单位、设计单位、施工单位、监理单位等各方的职责和权益，明确了他们在工程质量管理和监督中应承担的角色和任务。执行验收标准，可以促使各方认真履行自己的责任，加强工程质量的可控性和可管理性。

2. 强化监督和管理

工程质量验收标准要求对工程项目进行全面的监督和管理。监督人员将根据标准要求对工程项目进行检查和评估,确保工程符合相关要求和标准。同时,监督人员还需与各方进行沟通和协调,解决工程中存在的问题和纠纷。通过执行严格的验收标准,可以加强对工程管理和监督的有效性并提高效率。

3. 提高质量控制

工程质量验收标准要求在工程过程中实施有效的质量控制措施。这包括建立质量管理体系、制定施工规范和工序控制等。通过执行验收标准,可以确保各项质量控制措施的有效实施,防止低质量工程的出现,提高工程质量的稳定性和可靠性。

4. 促进合作与沟通

工程质量验收标准要求各方之间进行合作和沟通,共同推动工程质量的提升。监督人员需要与建设单位、设计单位、施工单位等密切合作,分享信息、解决问题、改进工艺和管理方法等。通过合作与沟通,可以提高工程管理和监督的效果,促进工程质量的不断改进。

(四)保障用户权益

1. 满足用户需求

工程质量验收标准要求工程项目能够满足用户的需求和期望。通过执行验收标准,可以确保工程项目提供符合用户预期的使用环境和设施。这包括安全性、舒适性、便利性等方面的要求,使用户获得满意的工程质量,满足他们的实际使用需求。

2. 提供安全环境

工程质量验收标准强调工程的安全性。合格的工程项目应符合相关的安全标准和规范,提供安全可靠的使用环境。通过执行严格的验收标准,可以发现并纠正潜在的安全隐患,确保用户在使用工程设施时不会受到人身和财产安全的威胁。

3. 维护质量权益

工程质量验收标准为用户维护其质量权益提供了保障。合格的工程项目应符合相关的设计要求、施工规范和质量标准。通过执行验收标准，可以对工程质量进行客观评估，确保用户获得的工程质量符合预期，并有法律依据来维护自身权益。

4.解决纠纷和争议

工程质量验收标准可以作为解决纠纷和争议的依据。如果用户认为工程质量不符合验收标准要求，他们可以参考验收标准中的指标和要求提出质量异议。通过依据验收标准进行评估和判断，可以解决用户与相关责任方之间的纠纷和争议，维护用户的合法权益。

第二节　工程质量验收标准的构成和分类

一、工程质量验收标准的构成

工程质量验收标准的构成是一个综合性的体系，涵盖了多个方面的指标和要求。下面从结构安全、施工质量、设备运行、外观质量和环境质量五个方面详细阐述工程质量验收标准的构成。

（一）结构安全验收标准

1.承载力验收

评估工程结构的承载能力，包括荷载能力、强度设计等方面，确保结构在正常使用和特殊情况下的安全性。

2.稳定性验收

考虑工程结构在地震、风力等外部作用下的稳定性，评估其抗震、抗风性能，确保结构的稳定可靠。

3.抗裂性验收

检查工程结构的抗裂性能，避免因开裂而影响结构的安全和耐久性。

4.消防安全验收

评估工程建筑的消防设施和防火性能，确保满足消防安全要求。

（二）施工质量验收标准

1. 材料质量验收

对使用的各类材料的质量进行检查和评估，如钢材、混凝土、砖块等，确保材料符合相关标准和规范。

2. 工艺质量验收

评估施工过程中的各项工艺控制和操作，确保施工符合工艺要求和技术规范。

3. 施工缺陷验收

检查工程施工中可能出现的缺陷和不合格问题，如裂缝、渗漏、错位等，并要求及时整改。

4. 环境保护验收

评估施工对环境的影响和采取的环境保护措施，确保施工过程符合环境保护要求。

（三）设备运行验收标准

1. 设备可靠性验收

评估工程中使用的各类设备的可靠性和性能指标，确保设备能够正常运行，满足设计要求。

2. 节能性能验收

评估设备的节能性能，包括能源利用效率、能耗指标等，确保设备在使用过程中具有较高的节能性能。

3. 安全性能验收

检查设备的安全保护装置和操作控制系统，确保设备在运行过程中安全可靠，防止事故发生。

4. 使用寿命验收

评估设备的使用寿命和维修保养情况，确保设备能够长期稳定地运行，并降低维护成本。

（四）外观质量验收标准

1.表面平整度验收

评估工程表面的平整度和光洁度，确保符合设计要求和使用功能。

2.色彩一致性验收

检查工程外观的色彩是否一致，如涂层颜色、瓷砖颜色等，确保外观美观。

3.接缝密封性验收

评估工程接缝处的密封性能，避免漏水和渗漏问题。

4.施工质感验收

评估工程外观的质感效果，如纹理、质地等，确保达到预期要求。

（五）环境质量验收标准

1.室内环境验收

评估室内环境的舒适性和空气质量，包括通风、采光、噪声、室内污染物等方面。

2.环境污染防控验收

检查工程对周边环境的影响，评估施工过程中对大气、水体、土壤等的污染防控措施。

二、工程质量验收标准的分类

（一）按照应用领域分类

1.建筑工程验收标准

该类标准适用于各类建筑工程，包括住宅、商业建筑、公共建筑等，涵盖了结构安全、施工质量、室内环境等方面的验收指标。

2.土木工程验收标准

该类标准适用于道路、桥梁、隧道、港口、水利等土木工程项目，包括结构安全、施工质量、地基基础、防灾减灾等方面的验收指标。

3.电力工程验收标准

该类标准适用于发电厂、变电站、输电线路等电力工程项目,包括设备可靠性、运行安全、电气接地、环境保护等方面的验收指标。

4.环保工程验收标准

该类标准适用于大气污染治理、水污染治理、固体废物处理等环保工程项目,包括排放标准、治理效果、环境监测等方面的验收指标。

5.其他工程领域验收标准

根据不同的工程特点和应用领域,可以制定相应的验收标准,如石油化工、冶金、交通运输等。

(二)按照验收阶段分类

1.施工前验收标准

对施工前的设计文件、材料选用、工艺方案等进行评估,确保满足规范要求和设计意图。

2.施工中验收标准

在施工过程中,对施工质量、施工工艺、安全措施等进行检查和评估,及时发现问题并整改。

3.竣工验收标准

在工程完工后进行综合评估,包括结构安全、外观质量、设备性能等方面的验收。

(三)按照性质分类

1.强制性验收标准

该标准是由法律法规或相关部门强制执行的验收标准,确保工程质量符合法律法规的要求。

2.规范性验收标准

该标准是由行业协会、技术规范等制定的标准,作为行业内推荐的验收指南,其提供了一种参考和借鉴。

3.客户自定义验收标准

该标准是根据客户特定需求和要求,制定的个性化验收标准,满足特定工程项目的验收要求。

(四)按照验收内容分类

1.结构安全验收标准

该标准是评估工程结构的承载能力、稳定性、抗震性等方面的指标,确保结构的安全可靠。

2.施工质量验收标准

该标准涵盖了材料质量、施工工艺、施工缺陷等方面的指标,评估施工过程中的质量问题。

3.设备运行验收标准

该标准是评估设备的可靠性、节能性能、安全性能等方面的指标,确保设备正常运行。

4.外观质量验收标准

该标准包括表面平整度、色彩一致性、接缝密封性等方面的指标,确保外观美观。

5.环境质量验收标准

该标准是评估室内环境舒适性、环境污染防控等方面的指标,确保工程对环境的影响符合要求。

(五)按照国家和地区分类

不同国家和地区根据自身的法律法规、技术标准和实际情况,制定了相应的工程质量验收标准。

1.中国国家标准

中国国家标准对各类工程项目的质量验收进行了详细规定。其中,最常用的是《建筑工程施工质量验收统一标准》,该标准包含了建筑工程的验收范围、基本要求、具体内容等方面的规定。

2. 美国的 ACI 标准

美国混凝土协会(American Concrete Institute, ACI)制定了一系列与混凝土工程相关的标准。这些标准包括了混凝土材料的验收、施工工艺的要求、混凝土结构的验收等内容。其中,最常用的是《混凝土构筑物验收标准》(ACI 301)。

3. 欧洲的 EN 标准

欧洲标准委员会(European Committee for Standardization, CEN)发布了一系列与工程质量验收相关的标准。这些标准涵盖了各类工程项目的验收要求,包括建筑、土木工程、电气工程等。其中,最常用的是《建筑结构中混凝土和钢筋混凝土结构部分的验收标准》(EN 13670)。

除了上述国家和地区的标准外,其他国家和地区也都有自己的工程质量验收标准,如英国的BS标准、德国的DIN标准、日本的JIS标准等。这些标准根据当地的法规和实践经验,都对工程质量验收做出了详细的规定和要求。

第三节 工程质量验收标准的制定和修订

一、工程质量验收标准的制定原则

1. 遵守法律法规原则

工程质量验收标准的制定必须严格遵守国家相关的法律法规。这些法律法规包括建设工程领域的法律、法规、规章以及行业标准等。遵守法律法规,可以确保工程项目在设计、施工和验收过程中符合安全、环保、可持续发展等方面的要求。同时,遵守法律法规也能够维护各方的合法权益,促进工程质量验收工作的公正性和公平性。

2. 科学性原则

工程质量验收标准的制定应基于科学理论和技术经验。在制定过程中,需要充分借鉴和应用相关科学研究成果、技术标准和工程实践经验。科学性的标准制定,可以确保评估指标的科学性和合理性,从而真实反映出工程项目的质量水平。此外,科学性原则还要求标准的内容能够适应工程技术的发展和变化,具备一定的前瞻性和可持续性。

3. 公正公平原则

工程质量验收标准的制定必须公正、公平地评估工程项目的质量。这意味着在制定过程中，需要遵循客观、中立、公正的原则，不偏袒任何一方。评估过程中的判定和决策应该基于事实和数据，并充分考虑各方面的权益和意见。只有确保评估结果公正可靠，才能获得各方对工程质量验收结果的认可，维护工程项目质量控制的公信力。

4. 可行性原则

工程质量验收标准的制定要具备可行性。可行性包括两个方面：一是标准应具备可操作性，即能够在实际工程项目中得到有效应用；二是标准应具备可实施性，即各方面参与者能够按照标准进行操作和评估。为了达到可行性的要求，在制定过程中需要考虑标准的易懂性、可操作性和适用性。此外，还需要充分考虑资源和成本因素，确保标准的实施不会给工程项目带来过大的负担。

二、工程质量验收标准的制定流程

（一）确定制定需求

根据工程项目的类型和规模，分析其特点和要求。不同类型的工程项目可能存在不同的质量要求和标准，因此需要针对具体情况进行分析。例如，住宅建筑、道路工程、桥梁工程等可能需要考虑不同的验收指标和标准。

1. 确定适用范围

明确工程质量验收标准的适用范围，包括适用于哪些阶段和环节，涵盖哪些技术要求和管理要求。考虑到工程项目的全生命周期，在工程的设计、施工、竣工和运营阶段，都应确定标准适用的范围，以确保全面而有效地评估工程质量。

2. 确定评价指标

确定工程质量验收的评价指标，这些指标应与工程项目的特点和要求相匹配。可以参考相关行业标准、技术规范和法律法规，选择适当的指标和要求。评价指标可以包括施工质量、材料选用、安全性能、环境保护等方面。

3. 沟通和协商

与相关方进行沟通和协商，了解他们对工程质量验收的需求和期望。这包括建设单位、设计单位、施工单位、监理单位等。通过充分沟通和协商，可以收集各方的意见和建议，确保制定出的标准能够综合考虑各方的利益和要求。

4. 实用性和可操作性

在确定制定需求时，要考虑到工程质量验收标准的实用性和可操作性。标准应该具有明确的条文和指引，易于理解和执行。同时，要考虑到实际的资源和技术限制，确保标准的制定和执行是可行的。

（二）收集资料

1. 文献调研

通过查阅相关的法律法规、技术标准、验收规范等文献资料，了解国家、地区或行业对工程质量验收的要求和规定。这些文献资料可能包括建设工程质量管理条例、建设工程质量验收规程、技术规范等。通过文献调研，可以获取权威的、具有指导性的资料，为制定工程质量验收标准提供参考。

2. 现场考察和实践经验

进行现场考察，亲自观察和了解工程项目的实际情况。与现场负责人、施工人员等进行交流，了解他们在工程质量方面的实践经验和问题意见。现场考察能够直接发现工程项目的特点和难点，并收集到与工程质量验收相关的实际情况和数据。

3. 专家咨询

向相关领域的专家咨询，借鉴他们的经验和见解。专家可以提供权威的意见和建议，帮助制定出科学合理的工程质量验收标准。通过与专家的交流和讨论，可以获取行业最新的技术动态和发展趋势，确保标准的前瞻性和适应性。

4. 历史数据分析

收集和分析历史工程项目的验收记录和相关数据。通过对历史项目的经验总结和分析，可以识别常见的质量问题和缺陷，并考虑在新的标准中进行预防和改进。历史数据分析有助于根据实际情况制定切实可行的验收指标和要求。

在收集资料的过程中,需要注意以下事项:

①确保资料的来源可靠和权威,优先选择官方发布的法律法规、技术标准和验收规范等资料。

②结合实际情况,区分不同类型的工程项目和特殊要求,选取与之相关的资料进行收集和参考。

③注重对文献资料的全面梳理和理解,将其融合到制定标准的过程中,确保标准的科学性和合理性。

④与相关人员和专家进行充分的沟通和交流,听取他们的建议和意见,确保标准的实用性和可操作性。

(三)制定初稿

1.确定标准的名称和适用范围

根据工程项目的类型和特点,确定工程质量验收标准的名称,并明确标准适用的范围。适用范围应包括工程项目的阶段、环节以及相关技术要求和管理要求。

2.制定评价指标和要求

根据收集的资料和相关标准,制定工程质量验收的评价指标和要求。评价指标应涵盖设计、施工、材料选用、安全性能等方面,具体明确各个指标的要求和标准。

3.确定验收方法和程序

制定工程质量验收的方法和程序,包括检查、测试、抽样等具体操作步骤。同时,明确验收所需的文件、资料和证明材料,以及相关责任方的义务和职责。

4.结合实际情况和专家意见

在制定初稿时,需要充分考虑工程项目的实际情况和特点,结合专家的意见和建议进行综合判断。专家组成员可以根据自身的专业知识和经验,对初稿进行修订和完善。

5.反复讨论和修改

制定初稿后,进行反复的讨论和修改。与相关人员和专家进行交流和讨论,收集他们的意见和建议,并在初稿中进行适当调整和修改,确保标准的科学性、合理性和可操作性。

在制定初稿的过程中，需要注意以下事项：

①标准的内容要具体明确，避免模糊和歧义的表述。

②标准的要求应具有可行性和可操作性，考虑到资源和技术限制。

③结合工程项目的特点和要求，制定出具有针对性和适用性的评价指标和要求。

④充分借鉴和参考相关的法律法规、技术标准和验收规范等资料，确保标准的权威性和合规性。

⑤与相关方进行充分沟通和协商，尊重各方的意见和建议，确保标准的广泛认可和接受度。

（四）专家评审

1. 选取适当的专家

根据工程项目的类型和特点，选择相关领域的专家参与评审。这些专家应具备相关的技术背景和实践经验，能够对工程质量验收标准提供有价值的意见和建议。

2. 提供清晰的评审材料

向专家提供清晰、完整的评审材料，包括初稿、相关资料和依据等。确保专家能够全面了解标准的内容和背景，并准确理解标准中的各项要求和指标。

3. 进行评审讨论

组织专家进行评审讨论，听取他们对初稿的意见和建议。通过讨论，可以发现初稿中存在的问题和不足，并探讨可能的改进方案。评审讨论应注重专家之间的交流和互动，充分借鉴各个专家的意见和看法。

4. 修订和完善初稿

根据专家的评审意见，对初稿进行修订和完善。修订应根据专家的建议，针对问题和不足进行具体的改进措施。在修订过程中，要保持与专家的沟通和反馈，确保修订的准确性和合理性。

5.综合评估和决策

综合专家的评审意见和修订结果,进行综合评估和决策。根据专家的意见和标准制定的目标,确定最终的工程质量验收标准,并做出相应的决策和调整。

在进行专家评审时,需要注意以下事项:

①专家的选择要慎重,确保他们具备相关的专业知识和经验。

②提供给专家的评审材料要充分、清晰,确保他们能够全面了解标准的内容和要求。

③在评审过程中,鼓励专家提出独立和客观的意见,避免个人偏见和主观因素的影响。

④积极倾听专家的意见和建议,尊重他们的专业判断,同时也要充分权衡各种因素,做出综合决策。

（五）征求意见

1.公示修订后的标准

将修订后的工程质量验收标准公示,向相关单位和专业人员进行广泛宣传和发布。公示应包括标准的名称、适用范围、评价指标和要求等内容,以便吸引更多人参与并提供意见。

2.设立反馈渠道

设立反馈渠道,以便相关单位和专业人员能够方便地提供意见和建议。可以通过电子邮件、在线调查问卷、会议讨论等方式搜集意见,并确保反馈渠道的畅通和有效。

3.收集意见和建议

积极收集各方的意见和建议,包括项目业主、设计单位、施工单位、监理单位等。意见可以涉及标准的具体内容、评价指标的设置、验收方法的操作性等方面。收集到的意见应及时记录并进行分类整理。

4.综合分析和修改标准

根据收集到的意见和建议,进行综合分析和评估。权衡各方的利益和意见,对标准进行适当的修改和完善。修订应着重解决存在的问题和不足,提高标准的可接受性和实用性。

5.公示修订后的标准

将修订后的工程质量验收标准再次公示,通知相关单位和专业人员,并说明对于意见和建议的回应和处理。公示可以通过发布公告、发放通知等方式进行。

在征求意见的过程中,需要注意以下事项:

①公示期限要充足,确保各方有足够时间提供意见和建议。

②设立反馈渠道时,要确保渠道的便捷和易于使用,方便各方提供意见和建议。

③在收集意见和建议时,要保持客观公正,充分尊重各方的意见和利益。

④对于收集到的意见和建议,要及时进行回应和处理,向提供意见的单位和个人反馈结果。

（六）审批发布

1.技术审核和评估

对修订和完善后的工程质量验收标准进行技术审核和评估。这包括标准的科学性、合规性、适用性等方面的考虑。通过专家评审、委员会讨论、技术评估等方式,对标准进行全面的审查和评估。

2.法律合规性审查

进行法律合规性审查,确保工程质量验收标准符合相关法律法规的要求。特别是需要考虑与建设工程法律法规、相关技术标准和验收规范的一致性。根据国家或地区的法律法规程序,完成法律合规性审查和审批手续。

3.相关部门审批

将修订后的工程质量验收标准提交给主管部门进行审批。主管部门将对标准的内容、目标和程序进行评估,确保其符合政府政策和法律法规的要求。对于审批部门提出的意见和建议,要及时进行修改和回应。

4.最终发布实施

经过审批通过后,工程质量验收标准将正式发布实施。发布可以通过公告、通知等形式进行,确保各相关单位和专业人员了解标准的内容和要求,并开始在实际工程项目中应用。

在审批发布过程中,需要注意以下事项:

①严格按照法定程序进行审批和发布,确保合规性和合法性。

②对于审批部门提出的意见和建议,要及时进行修订和回应,以便最终通过审批并发布实施。

③在发布意见和建议前,要对标准的内容、条文和要求进行仔细检查和确认,确保其准确性和一致性。

④做好标准的宣传工作,向相关单位和专业人员介绍新发布的工程质量验收标准,并提供相应的培训和指导。

三、工程质量验收标准的修订方法

工程质量验收标准是评价工程项目质量是否符合要求的依据,它直接关系到工程质量的监督和控制。然而,随着科技的发展和社会的变革,工程质量验收标准需要不断进行修订和更新,以适应新的技术、法规和社会需求。

(一)确定修订的必要性

在开始修订工程质量验收标准之前,首先需要明确修订的必要性。

1.收集反馈意见

与工程实施单位、业主、专家等相关人员进行沟通,了解他们对当前标准的评价和建议。可以通过召开座谈会、发放问卷调查等方式,广泛听取各方的意见和建议。这些反馈意见能够揭示出现行标准的不足之处,以及在实际应用中可能存在的问题。

2.调研现行标准

对比国内外类似工程的验收标准,分析其优点和不足,找出可以借鉴和改进的地方。可以通过研究其他地区或国家的标准,获取更加全面的信息,了解国际上的最新标准和技术要求,从而判断现有标准是否还具备适用性。

3.分析问题和缺陷

通过对历史工程项目的验收情况进行分析,确定存在的问题和缺陷,并明确修订的重点和方向。可以结合过往工程项目的验收经验和问题总结,识别出常见的质量问题和不合理的验收要求,从而为修订工作提供指导。

4.法规和政策变化

考虑到法规和政策的变化,特别是与工程质量管理相关的法律法规和政策的更新。如果有新的法规要求或政策出台,可能需要对工程质量验收标准进行相应的修订,以确保其与最新的法律法规相一致。

5.技术进步和创新需求

随着科技的不断进步和创新需求的增加,现有标准可能无法满足新技术和新材料的应用要求。因此,需要对工程质量验收标准进行修订,以适应新技术和新材料的应用,并提高工程质量水平。

6.用户需求变化

随着社会的发展和用户需求的变化,人们对工程质量的要求也在不断提高。修订工程质量验收标准可以使其更好地符合用户的期望和需求,确保工程项目能够满足当今社会的要求。

(二)修订的步骤和流程

1.成立修订组

根据修订的范围和内容成立修订组,目的是组织相关专家和技术人员明确修订的目标和任务。修订组应该包括各领域的专业人士,以确保修订工作的全面性和专业性。

(1)专业协会

与相关领域的专业协会联系,寻求他们的合作和支持,以获取专业人士的推荐和参与。

(2)行业组织

与行业组织合作,他们通常有自己的人才库,并能提供相关领域的专业人员的联系信息。

(3)相关部门的人才库

与相关部门、机构或政府合作,查询他们的人才库,以找到合适的专业人士。

在招募修订组成员时,需要明确修订的范围和内容,并根据需要确定所需专业领域的人员。招募过程可以通过发布公告、邀请函或个别邀请等方式进行。同时,要对应聘者进行评估和筛选,确保其具备相关领域的知识和经验。最终,根据修订的目标和任务,确定最佳的修订组成员,并制定详细的工作计划和时间表,确保修订工作的顺利进行。

2.收集资料和信息

为了进行修订工作,需要收集与修订相关的资料和信息,包括法规、技术标准、工程案例等,以便为修订提供依据和参考。

(1)文献调研

通过查阅相关文献,如学术论文、研究报告、专业书籍等,来获取相关领域的基础知识和最新研究成果。

(2)专家咨询

与相关领域的专家进行交流和咨询,他们可以提供有关修订范围的重要见解和意见。

(3)实地考察

到相关工程项目或实验室进行实地考察,观察和了解实际情况,获取实践经验和案例。

(4)互联网资源

利用互联网搜索引擎,搜索相关领域的资料和信息。可以浏览政府机构、行业组织、专业协会的网站,以及学术期刊、行业刊物等在线资源。

(5)数据库和文档库

利用各种数据库和文档库,如学术数据库、专业技术数据库、法律法规数据库等,来获取相关资料和文献。

3.制定修订计划

制定修订计划是确保修订工作按时进行的重要步骤。根据修订的范围和时间要求,大致有以下步骤。

(1)确定修订的时间节点

首先确定整个修订过程的起止日期,并将其分为不同的阶段。例如,第一阶段可能是收集反馈和问题识别,第二阶段可能是草案的修改和完善,最后一阶段可能是最终的审核和批准。

(2)确定参与人员

确定参与修订工作的人员,包括主要的修订负责人、编写人员、技术专家以及相关部门的代表等。确保每个人都清楚自己的角色和职责,并协调好各方之间的沟通和合作。

(3)分工和配合

根据修订的范围和任务的复杂程度,将工作分配给不同的人员或小组。确保每个人都清楚自己需要完成的任务和时间要求,并协调好各个任务之间的配合关系,避免出现延迟或冲突。

(4)考虑工作安排和时间限制

在制定计划时,要充分考虑各方人员的工作安排和时间限制。与参与人员沟通,了解他们的可用时间和其他约束条件,以便合理安排工作进度和时间节点。

(5)监控和调整

修订计划并不是一成不变的,随着实际工作的推进,可能会出现一些意外情况或需要进行调整的地方。因此,及时监控修订工作的进展情况,并根据需要进行必要的调整,确保修订工作能够顺利进行并按时完成。

4.分析评估现行标准

对现行的工程质量验收标准进行全面分析和评估是确保标准持续适应工程项目需求的重要任务。在评估过程中,可以从以下几个方面进行分析。

(1)标准的适用性

评估标准是否能够覆盖各种类型的工程项目,以及不同规模和复杂程度的工程。同时,考虑是否存在一些特殊情况或项目类型未被充分考虑的问题。

(2)标准的可操作性

评估标准是否具有明确的操作指南和实施方法,使得工程项目的参与者能够清晰理解并执行标准要求。检查是否存在模糊、主观或无法实际操作的部分。

(3)标准的合理性

评估标准是否与国家和地区的相关法律法规相一致,并符合工程建设的最佳实践。检查标准是否科学、合理，并能够真正反映出工程质量的核心要求。

此外，还需要结合实际工程项目的经验和问题进行分析，例如通过回顾之前工程项目验收过程中出现的质量问题、纠纷案例等，找出标准中存在的漏洞或需要改进的部分。同时，要关注国内外最新的科研成果、技术创新和行业发展动态。随着科技的不断进步和行业的发展，可能出现新的工程质量验收标准或技术要求，需要将其纳入修订范围，以确保标准内容与时俱进。

5. 提出修订意见

修订组根据对现行工程质量验收标准的全面分析和评估，应提出具体明确、合理有效的修订意见和建议。

(1)修改已有内容

根据评估结果，如果发现现行标准中存在不准确、模糊或过时的内容，修订组可以提出相应的修改建议。例如，对于某些术语或定义进行澄清、精确化；调整某些指标的阈值或要求，以更好地适应工程项目的实际情况。

(2)增加新的内容

根据评估结果和实际需求，修订组可以提出增加新的内容或要求的建议。例如，引入新的技术标准或方法，以反映当前的最佳实践和技术进展；增加针对特定类型工程项目的验收要求，以满足不同工程项目的特殊性。

(3)考虑最新要求和技术进展

修订意见应充分考虑工程质量管理领域的最新要求和技术进展。修订组成员可以参考国内外相关的研究成果、标准规范、行业动态等，以确保修订意见与时俱进，并符合当前的工程质量管理实践。

为了提高修订意见的质量，修订组成员可以进行多次讨论和交流。在讨论过程中，应充分听取各方成员的意见和建议，并努力形成共识。通过集思广益，结合多方观点和经验，可以确保修订意见的质量和可行性。

6. 讨论和协商

修订组成员对修订意见进行讨论和协商是确保修订工作质量的关键环节。

(1)充分听取各方观点和意见

修订组成员应认真倾听并尊重各方的意见，包括技术专家、实际操作人员、监管部门等。通过广泛听取不同观点,可以获得更多的信息和想法,从而综合各方意见形成更全面和合理的修订方案。

(2)解决矛盾和冲突

在讨论和协商过程中,可能会出现不同观点和意见之间的矛盾和冲突。修订组成员应以理性和开放的态度,进行深入分析和讨论,并寻求解决矛盾和冲突的方法。可以通过逐一梳理问题、寻找共同点、进行权衡和妥协等方式,促使各方达成一致。

(3)综合各方意见形成修订方案

在讨论和协商的基础上,修订组成员应综合各方意见和建议,形成更为全面和合理的修订方案。可以通过讨论会议记录、专家评审、意见征集等方式,梳理和整合各方提出的修订意见,并进行权衡和取舍。

(4)运用现代信息技术工具促进交流和决策效率

为了提高交流和决策的效率,修订组可以运用现代信息技术工具,如在线会议平台、协作平台等。通过在线会议,可以远程召开讨论会议,实时交流意见和观点;协作平台可以用于共享和汇总修订意见,便于成员之间的协同工作和信息沟通。

7.编写修订稿

根据讨论和协商的结果,修订组应编写修订稿,并进行内部审核和修改,以确保修订的准确性和合理性。

(1)条理清晰

修订稿应按照逻辑顺序组织,确保内容条理清晰。可以根据修订的章节结构或主题进行分段,每个段落应有明确的主题句,并按照逻辑关系展开论述。

(2)表达准确

修订稿中的文字表达应准确无误,避免使用模糊或歧义的词汇。修订组成员要审慎选择用词,并确保所写内容与修订意见一致。

(3)逻辑严密

修订稿应具备严密的逻辑结构,各部分之间的关系要清晰明了。对于引入新的内容或修改已有内容,要确保其与整体修订方案的一致性,避免出现矛盾或重复。

(4)标明修改的内容和原因

修订稿中应明确标明每处修改的具体内容和原因。可以通过使用批注、高亮或其他格式化方式,将修改的部分突出显示,并提供充分的说明和解释,以便读者理解修订的目的和背景。

(5)内部审核和修改

修订稿完成后,应进行内部审核和修改。修订组成员可以相互审阅和评审修订稿,检查是否存在错误、遗漏或不一致之处,并进行必要的修改和调整,确保修订的准确性和合理性。

8. 征求意见和反馈

修订组在完成修订稿后,应向相关单位和人员征求意见和反馈,并接受他们的审查和评价。这样可以获得来自不同利益相关方的观点和建议,进一步完善修订内容。

(1)专家评审

邀请相关领域的专家对修订稿进行评审,他们可以提供权威的技术意见和建议。修订组可以组织专家会议或向专家发送修订稿,收集他们的意见和反馈,并将其纳入修订考虑范围。

(2)公开听证会

组织公开听证会,邀请相关单位、业主、从业人员等参与讨论和提供意见。通过听取各方意见和反馈,修订组可以更好地了解各方关注的问题和需求,为修订工作提供更全面的参考。

(3)征求意见函

发布公告或发函给相关单位和个人,征求他们对修订稿的意见和建议。可以要求他们就特定的问题或内容提供具体的意见,也可以鼓励他们自由表达对修订的看法。

修订组应及时梳理和总结收到的意见和反馈,并根据其合理性和可行性进行相应的修改和调整。修订组成员可以开展讨论会议,就不同意见进行评估和权衡,以确定最终的修订方案。在处理外部意见和反馈时,修订组必须保持公正和客观的态度。他们应根据修订目标和质量要求,选择对修订最有益的建议进行采纳,并解释为何某些建议无法被采纳。

9. 最终定稿

在充分吸纳意见和反馈的基础上,修订组进行最后的修改和调整,以形成最终的修订稿。

(1)内部审核和专家评审

修订组应将最终的修订稿提交给内部审核团队和相关专家进行审查。他们可以检查修订内容的准确性、合理性和可操作性,并提供进一步的建议和指导。通过内部审核和专家评审,修订组可以发现潜在的问题并进行必要的修改和调整。

(2)最后的修改和调整

根据内部审核和专家评审的结果,修订组应对修订稿进行最后的修改和调整。这可能涉及进一步澄清或精确化某些表述,解决剩余的矛盾或冲突,并确保修订内容与现行标准一致。

(3)对比现行标准

定稿后,修订组应将修订稿与现行标准进行对比。这有助于验证修订内容的有效性和一致性,以确定是否达到修订的目标和要求。对比过程中,修订组应特别注意修订的部分,确保其与现行标准的其他部分相互协调和一致。

(4)确认修订内容的有效性

修订组应仔细评估修订内容的有效性,并确保其能够解决现行标准中存在的问题和不足。对于新增的内容,修订组还应确认其在实际工程项目中的适用性和可操作性。

最终的修订稿应经过全面、准确、合理的审核和修改,并与现行标准进行对比和验证。通过这些步骤,修订组可以确保修订内容的准确性、合理性和可操作性,并为修订工作的顺利推进奠定基础。

10. 宣传和推广

修订完成后,对修订内容进行宣传和推广是确保相关人员了解和使用新的工程质量验收标准的重要步骤。

(1)发布通知

向相关单位和人员发布通知,介绍修订的目的、范围和重要性。通知中可以提供修订的概述,明确新标准的实施时间,并引导相关人员主动了解和应用新的标准。

(2)举办培训会议

组织专门的培训会议,向相关人员介绍修订内容,并提供必要的培训和指导。培训会议可以包括理论讲解、实例分析和操作演示等环节,以帮助参与者更好地理解和应用修订内容。

(3)编制解读手册

编制修订内容的解读手册,详细说明各项修改和新增的内容,并提供相关的背景知识和实施指南。解读手册可以作为参考资料,供相关人员查阅和学习。

(4)学术交流和分享经验

利用专业期刊、学术会议等渠道,进行学术交流和分享经验。修订组成员可以撰写学术论文,参加相关会议,向同行分享修订的经验和成果,并与其他专家学者进行深入讨论。

(5)制作宣传资料

制作宣传资料,如海报、宣传册等,以简洁明了的方式介绍修订内容和重要变化。这些宣传资料可以在会议、培训或相关活动中发放,提高人们对修订标准的认识和理解。

(6)在线平台宣传

利用互联网和社交媒体等在线平台,发布修订信息和宣传活动。通过建立专门的网站、微信公众号或社交媒体账号,向广大关注者提供修订的相关资讯、解读和案例分析等内容。

在宣传和推广过程中,修订组还应根据不同目标群体的需求,定期开展效果评估,了解宣传活动的效果和意见反馈。根据评估结果,及时调整宣传策略,确保修订成果得到广泛应用并产生实际效益。

四、修订的注意事项

1. 参与多方

参与多方是确保修订工作科学性和公正性的重要措施。在修订过程中,应广泛邀请相关单位和人员参与,包括技术专家、从业人员、监管部门、学术界代表等。通过多方参与,可以获得来自不同领域和不同利益相关方的观点和建议,促进修订内容的全面性和合理性。

邀请相关单位和人员参与修订工作具有以下作用。

(1)获得专业意见

技术专家和从业人员能够提供宝贵的专业意见和实践经验,帮助修订组更好地理解和处理复杂的问题和情境。

(2)确保科学性

通过邀请学术界代表参与修订工作,可以充分借鉴最新的科研成果和学术观点,确保修订内容具有科学性和前瞻性。

(3)提高公正性

邀请监管部门和其他利益相关方参与修订工作,有助于确保修订内容的公正性和客观性,避免特定利益群体的偏见或偏差。

为了多方有效参与,修订组可以采取以下措施:

①发布修订通知,广泛宣传修订工作,并邀请相关单位和人员参与。

②组织专门的工作组或委员会,由不同单位和人员组成,共同参与修订工作。

③定期召开会议或研讨会,提供平台让各方就修订内容进行交流和讨论。

④设立意见征集渠道,鼓励相关单位和人员提供意见和建议,确保每个利益相关方都有机会参与。

2. 标准一致性

修订的内容应与国家法规、技术标准和相关文件相一致,以确保修订后的标准具有可操作性和可实施性。确保标准的一致性对于工程项目的顺利进行至关重要。

(1)深入研究法规和标准

修订组成员应仔细研究国家相关的法规、技术标准和其他相关文件,了解其中的要求和规定。这可以帮助修订组明确标准修订的范围,并确保修订内容不与现行法规和标准相冲突。

(2)与监管部门合作

修订组应与相关的监管部门保持密切联系,与其沟通并征求意见。监管部门可以提供关于法规和标准要求的最新信息,并对修订内容的合规性提供指导。

(3)参考其他国际或地区标准

修订组可以参考其他国家或地区成功类似的标准,尤其是先进和可行的实践。通过借鉴其他标准的经验和做法,修订组可以提高修订内容的国际化水平,并确保其与相关国际或地区标准的一致性。

(4)进行内部审核和专家评审

修订组应邀请内部审核团队和相关专家对修订内容进行审核和评审。他们可以检查修订的内容是否与国家法规、技术标准和相关文件相一致,并提供进一步的建议和指导。

(5)定期更新和维护

修订工作不仅是一次性的,还需要定期更新和维护。修订组应确保标准持续跟踪国家法规和技术标准的最新要求,并及时进行修订和更新,以保持与相关文件的一致性。

3.时效性和前瞻性

修订的内容应考虑当前的技术发展和社会需求,具有一定的时效性和前瞻性。随着科技的不断进步和社会的变化,工程项目面临新的挑战和需求。修订组应结合最新的科研成果、技术创新和行业动态,确保修订的内容与时俱进,能够适应未来的发展,并为工程项目提供更好的支持和指导。

4.考虑实际情况

修订的内容应充分考虑不同地区、不同工程类型和规模的实际情况,以确保修订后的标准具有普适性和可操作性。由于地域差异和工程项目的多样性,修订组应充分了解各地区的特殊需求和限制,并在修订过程中灵活运用。修订的内容应具备普适性,能够适用于不同地区和工程类型,并提供明确的操作指南和实施方法,以便工程项目的参与者能够理解和执行标准要求。

5.定期修订

工程质量验收标准应定期进行修订和更新,以跟上科技和社会的发展步伐。

随着科技的发展和社会的不断进步，工程项目面临新的挑战和需求。定期修订和更新标准可以确保其与最新的技术、法规和实践保持一致，并提高标准的有效性和适用性。通过定期修订和更新，工程质量验收标准可以更好地满足工程项目的需求，促进工程质量的持续提升。

第三章 地基与基础工程的质量监督与验收

第一节 地基工程质量监督与验收

地基工程质量监督与验收是确保地基工程质量安全和可靠的重要环节。下面将从地基工程质量监督与验收的概念、目的、流程、方法及其注意事项等方面进行详细阐述。

一、地基工程质量监督与验收的概念

地基工程质量监督与验收是一项重要的工作，旨在确保地基工程的质量安全和可靠性。通过监督施工过程、检查施工质量，并进行评价和验收，可以及时发现和解决可能存在的问题，确保地基工程符合设计要求和标准，保障工程的持久稳定。这项工作对于保障工程安全、提高工程质量具有重要意义。

二、地基工程质量监督与验收的目的

1.确保地基工程质量安全

确保地基工程质量安全是地基工程质量监督与验收的核心目标之一。地基作为建筑物或工程项目的基础，其质量直接关系到整个工程的稳定性和安全性。通过地基工程质量监督与验收，可以及时发现潜在的质量问题，并采取相应措施加以解决，确保地基工程的安全性和可靠性。

在地基工程质量监督过程中，监督人员会对施工现场进行巡查，检查施工质量控制、材料使用、施工工艺等方面，以确保施工过程符合设计要求和相关标准。同时，监督人员还会进行必要的检测与试验，如地基土的采样与试验、地下水位的

监测等,以获取准确的地基工程质量数据。这些数据和信息将有助于评估地基工程的质量状况,及时发现并纠正可能存在的质量问题。

另外,在地基工程质量验收阶段,验收人员会对已完成的地基工程进行综合评价和检查。他们将考察施工过程中的质量管理情况、施工方法与技术、材料选用与使用等方面,以确保地基工程质量符合规范要求。同时,还会进行现场观测与检测,如地基沉降观测、结构稳定性评估等,来验证地基工程的安全性和可靠性。

2.防止地基工程质量风险

防止地基工程质量风险是地基工程质量监督与验收的重要目标之一。地基工程质量问题可能导致工程的不稳定性、安全隐患甚至灾害事故,因此必须通过全面监督和严格验收来减少质量风险的发生。

在地基工程质量监督阶段,监督人员会对施工过程进行全面监督,包括施工现场管理、施工质量控制、材料选择和使用、施工方法等方面。他们会确保施工过程中各项工作符合设计要求和相关标准,以降低地基工程质量风险。

同时,在地基工程质量验收阶段,验收人员会对已完成的地基工程进行严格的评价和检查。他们会考察施工过程中的质量管理情况、施工方法与技术、材料选用与使用等方面,以确认地基工程质量是否达到规范要求。严格的验收程序,可以有效降低地基工程质量风险的发生。

此外,地基工程质量监督与验收还包括必要的检测与试验,如地基土的采样与试验、地下水位的监测等。通过这些检测与试验,可以获得准确的地基工程质量数据,及时发现潜在的质量问题,并采取相应措施进行修正和改进。

3.保证地基工程质量符合规范要求

对地基工程进行质量监督和验收是为了确保其质量符合相关规范和标准,满足设计及施工要求。在质量监督和验收过程中,需要根据具体的规范和标准进行操作和判断。

(1)规范和标准的遵循

在地基工程质量监督和验收中,首先需要明确适用的规范和标准。这些规范和标准包括国家、地区或行业制定的技术规范、建设工程质量验收标准等。监督人员和验收人员应严格按照规范和标准的要求开展工作。

(2)材料选择和使用

在地基工程质量监督和验收中,需要对材料的选择和使用进行监督和评估。监督人员会检查材料的质量证明文件、合格证书等,并核实其与设计要求和规范的一致性。同时,也会检查材料的存储和使用情况,确保材料的质量不受损害。

(3)施工工艺和方法

地基工程质量监督和验收还涉及施工工艺和方法的监督和评估。监督人员会检查施工方案、施工组织设计等文件,核实施工工艺和方法是否符合规范和标准的要求。同时,还会对施工过程进行现场检查,确保施工操作符合规范要求。

(4)质量控制措施

地基工程质量监督和验收过程中,也需要评估施工方的质量控制措施的有效性。监督人员会检查质量控制计划、检测和试验方案等文件,核实施工方是否按照计划和方案进行质量控制,并对其进行评估。

(5)检测与试验

在地基工程质量监督和验收中,还会进行必要的检测与试验工作。这些检测与试验包括地基土的采样与试验、地下水位的监测、地基沉降观测等。监督人员会根据规范和标准的要求进行检测和试验,以准确获得地基工程质量数据。

4.提高地基工程的可持续性

(1)提高质量水平

质量监督和验收过程中,对施工现场的管理、材料的选择和使用、施工工艺和方法等方面进行严格监督和评估,确保施工质量符合设计要求和相关标准。这有助于提高地基工程的质量水平,减少质量问题的发生,提升工程的安全性和稳定性。

(2)延长使用寿命

地基工程是建筑物或工程项目的基础,其质量直接关系到整个工程的使用寿命。通过质量监督和验收,及时发现并解决地基工程中的质量问题,可以防止工程在使用过程中出现失稳、沉降等情况,延长地基工程的使用寿命。

(3)减少维修和改造成本

优质的地基工程能够减少后期的维修和改造成本。通过质量监督和验收,确保地基工程质量符合规范要求，减少了因质量问题而导致的维修和改造工作，节约了维护成本和人力资源的投入。

（4）实现可持续发展

地基工程质量监督和验收是实现地基工程可持续发展的重要手段。通过提高质量水平、延长使用寿命和降低维修成本，可以减少资源浪费和环境污染，推动工程行业向着更加环保、经济和社会可持续的方向发展。

5.促进工程行业发展

通过地基工程质量监督与验收，推动工程行业的技术创新和质量提升，促进行业的健康发展。

（1）技术创新

地基工程质量监督与验收过程中，不仅要对施工质量进行监督和评估，还需要关注施工方法、材料选择等方面。这促使施工方不断探索和应用新的技术和材料，以提高地基工程的质量水平。同时，监督人员也要了解和学习最新的技术标准和规范，推动技术创新在地基工程领域的应用。

（2）质量提升

地基工程质量监督与验收的目的之一是确保地基工程质量符合规范要求。通过严格的监督和评估，可以及时发现和纠正施工中可能存在的质量问题，提高地基工程的质量水平。这将为工程行业树立良好的质量形象，增强公众对工程质量的信心，推动整个行业的质量提升。

（3）行业发展

地基工程是建设工程的基础，其质量直接关系到工程项目的安全和稳定。通过地基工程质量监督与验收，可以为行业建立起严格的质量管理体系，促进行业的健康发展。优质的地基工程将提高整个工程行业的竞争力和信誉度，吸引更多的投资和资源流入该行业。

（4）经济效益

地基工程质量监督与验收有助于减少工程质量问题和事故的发生，降低维修和改造成本，提高工程的可持续性。这将带来经济效益，减少投资方和建设单位的损失，提高投资回报率。同时，通过推动技术创新和质量提升，还可以提高施工效率,降低工程成本,实现经济效益的最大化。

三、地基工程质量监督与验收的流程

(一)前期准备阶段

明确地基工程质量监督与验收的目标和要求,制定监督与验收方案,确定监督与验收的责任人员和机构。

1. 目标和要求的明确

在开始地基工程质量监督与验收之前,相关人员需要明确其目标和要求。这包括确保地基工程质量符合设计要求和相关标准,保证工程的安全性、稳定性和持久性。同时,还需要关注工期和成本控制等方面,确保工程按计划进行并有效利用资源。

2. 监督与验收方案的制定

根据目标和要求,制定详细的监督与验收方案。方案应包括监督与验收的内容、方法和流程,以及相应的时间安排和任务分工。方案中还应考虑不同阶段的监督与验收重点,以及可能出现的问题和应对措施。

3. 责任人员和机构的确定

确定监督与验收的责任人员和机构是确保监督与验收工作顺利进行的关键。责任人员可以包括工程项目经理、监理工程师、质量检验员等。他们应具备相应的专业知识和经验,能够独立进行质量评估和判断。监督与验收的机构可以是建设单位自身的质量监督部门,也可以是独立的第三方机构,以提供客观、公正的监督与验收服务。

(二)施工前监督

在地基工程施工之前,应对施工方的资质、技术方案和施工组织进行审查和评估,以确保施工方具备相应的能力和条件。这是为了降低施工风险、确保施工质量和安全的重要环节。

1. 对施工方的资质进行审查

审查包括查阅施工方的营业执照、施工许可证等相关证件，核实其合法经营和具备从事地基工程施工的资格。同时，还可以查询施工方的业绩和信誉记录，了解其过往项目的质量表现和客户满意度。

2. 对施工方的技术方案进行评估

技术方案应包括详细的施工方法、材料选用、设备配置等内容，以确保施工方具备科学合理的施工策略。审查人员可以对技术方案进行专业性的评估，验证其是否符合设计要求和相关标准，并提出改进建议。

3. 对施工方的施工组织进行评估

施工组织方案应包括施工队伍的组成、分工与配备、施工计划和进度安排等内容。通过评估施工组织方案，可以判断施工方是否具备合理的人力资源配置和施工管理能力，以确保施工进度和质量的控制。

（三）施工过程监督

在地基工程施工过程中，需要进行全面监督，包括对施工现场管理、施工质量控制、材料选择和使用、施工方法等方面进行监督。这是为了确保施工过程的合规性、质量的可控性和工程的稳定性。

1. 对施工现场管理进行监督

这包括对施工现场的组织与管理情况进行检查，如施工人员的资质和配备、安全防护设施的设置、施工设备的调配等。监督人员会对施工现场进行巡视，确保施工过程中的秩序和安全措施得到有效执行。

2. 对施工质量控制进行监督

监督人员会审查施工方的质量控制计划和程序文件，核实施工方是否按照规范和标准要求进行质量控制。他们还会对关键工序进行现场检查，确保施工质量符合设计要求和相关标准。

3. 对材料选择和使用进行监督

监督人员会审核施工方提供的材料质量证明文件，并核实其与设计要求和规范的一致性。此外，还会检查材料的存储和使用情况，确保材料的质量不受损害。

4. 对施工方法进行监督

监督人员会检查施工方提供的施工方法和工艺流程，并核实其是否符合设计要求和相关标准。他们还会关注施工过程中的操作规范和技术细节，确保施工方法的科学性和有效性。

（四）现场检测与监测

在地基工程施工过程中，需要进行必要的现场检测和监测工作，以获取准确的地基工程质量数据。这些检测和监测包括地基土的采样与试验、地下水位的监测、地基沉降观测等。

1. 地基土的采样与试验

通过采集地基土样品，并进行相应的试验分析，可以了解地基土的物理性质、力学性能和承载能力等参数。这有助于评估地基土的质量状况，判断其是否符合设计要求和相关标准。

2. 地下水位的监测

地下水位对地基工程的稳定性和安全性有重要影响。通过设置水位监测点并实时监测地下水位的变化，工作人员可以及时掌握地下水位的情况，避免因地下水位变化导致的地基沉降或液化等问题。

3. 地基沉降观测

地基沉降是地基工程中常见的问题之一，会对建筑物的稳定性和使用寿命产生影响。通过设置沉降观测点，并进行定期观测和记录，工作人员可以及时发现和监测地基沉降的变化情况，评估其对工程的影响，并采取相应的措施进行调整或加固。

通过这些现场检测和监测工作，可以获得准确的地基工程质量数据。这些数据对于评估地基工程的质量状况、判断施工是否符合要求以及及时发现潜在的质量问题具有重要意义。基于这些数据，相关人员可以采取必要的措施进行调整，确保地基工程的安全性、稳定性和持久性。

（五）施工完成验收

在地基工程施工完成后，进行整体验收是确保地基工程质量符合设计要求和相关标准的重要环节。整体验收包括对地基工程的质量进行评价和检查，以确保其安全性、稳定性和持久性。

1. 对地基工程的质量进行评价

评价过程中，验收人员会仔细审查施工过程中的质量管理情况、施工方法与技术、材料选用与使用等方面。他们会核实施工记录和质量检验报告，并与设计要求和相关标准进行对比。通过评价，可以判断地基工程的质量是否达到规范要求，并提出改进建议。

2. 进行地基工程的检查

验收人员会对已完成的地基工程进行综合检查，包括地基土的紧密度、承载力、沉降情况等方面。他们会采用现场观测、测量和必要的试验，验证地基工程的质量是否符合设计要求和相关标准。通过检查，可以发现可能存在的质量问题并及时解决。

3. 与建设单位和施工方进行沟通和协商

共同讨论地基工程的质量状况和可能存在的问题，制定相应的整改方案。在整改过程中，监督人员会对整改措施进行跟踪和监督，确保问题得到有效解决。

通过整体验收，验收人员可以评价地基工程的质量状况，并及时发现和解决可能存在的问题，以确保地基工程符合设计要求和相关标准。这将为建筑物或工程项目提供可靠的基础支撑，保障其安全运行和长期稳定性。同时，也为建设单位提供了有关地基工程质量的评估和验收依据，保护其投资利益。

（六）结果评定与报告编制

根据监督和验收的结果，需要进行地基工程质量的评定，并编制相应的监督与验收报告，记录地基工程质量的实际情况和评价结果。这是为了总结和归纳监督与验收过程中的数据和信息，对地基工程的质量进行客观评价和记录。

在质量评定过程中，监督人员和验收人员会综合考虑各项监督和验收的结果，对地基工程的质量进行评估。评定的依据包括施工质量是否符合设计要求和相关标准、施工过程中存在的问题及其严重程度等。评定结果可以分为合格、基本合格和不合格等级，以反映地基工程质量的实际情况。

根据评定结果,编制监督与验收报告。报告内容包括对施工质量的评价、发现的问题及整改措施、建议和意见等。报告应详细记录监督与验收的过程和结果,提供客观的数据和信息支持,为建设单位和相关方提供参考。

监督与验收报告还可以作为地基工程质量管理的重要依据,用于向建设单位和相关部门汇报地基工程的质量状况。报告可以帮助建设单位了解施工过程中的质量问题和整改情况,及时采取措施进行调整和改进。

四、地基工程质量监督与验收的方法

(一)文件审查

通过对施工方提交的各类文件进行审查,包括技术方案、施工组织设计、质量控制计划等,可以确保其符合设计要求和规范要求。审查这些文件是地基工程质量监督与验收的重要环节之一。

1.对技术方案进行审查

技术方案包括详细的施工方法、材料选用、设备配置等内容。审查人员会仔细评估技术方案的科学性、合理性和可行性,确保施工方案与设计要求和相关标准的要求相匹配。

2.对施工组织设计进行审查

施工组织设计涉及施工队伍的组成、分工与配备、施工计划和进度安排等。审查人员会评估施工组织设计的合理性和可操作性,确保施工方具备合理的人力资源配置和施工管理能力。

3.对质量控制计划进行审查

质量控制计划包括了施工过程中的质量控制措施和方法,以确保施工质量符合设计要求和相关标准。审查人员会核实质量控制计划的完整性和有效性,检查其中的关键环节和关键控制点是否合理设定,并提出改进建议。

通过对施工方提交的技术方案、施工组织设计、质量控制计划等文件的审查,可以确保施工方具备合适的方法、组织和管理能力,以满足地基工程的设计要求和规范要求。这有助于降低施工风险,提高工程质量和安全性。

（二）现场巡查

定期或不定期进行现场巡查是地基工程质量监督与验收的重要环节。在巡查过程中，监督人员会对施工现场管理、材料使用、施工工艺等情况进行认真检查，以确保施工符合设计要求和规范要求。

在巡查中，需要特别注意观察土壤处理、基坑支护、桩基施工等关键环节。土壤处理包括挖掘、填筑和加固等过程，需要确认土壤处理是否按照设计要求进行，是否采取了相应的加固措施。基坑支护涉及基坑围护结构的建立，需要检查支护结构的稳定性和完整性。桩基施工涉及桩基的打入和灌注，需要核实桩基施工是否符合相关标准和技术规范。

此外，在巡查中还需要关注施工现场的安全措施和环境保护措施是否到位。安全措施包括安全警示标志的设置、防护设施的安装、作业人员的个人防护等。环境保护措施涉及施工过程中对空气、水源、噪声等环境因素的保护。监督人员应确保施工现场符合相关法规和环境要求，以保障工人的安全和环境的可持续保护。

通过定期或不定期的现场巡查，可以实时了解施工现场的情况，及时发现和纠正施工中的问题。监督人员可以与施工方进行沟通和协商，提出合理的改进建议，并跟踪整改措施的执行情况。这有助于确保地基工程质量符合设计要求和规范要求，提高工程的安全性和稳定性。

（三）检测与试验

在地基工程中，通过采样和试验获取地基土的物理力学性质、含水率、压缩特性等数据，可以评估地基土的质量和可行性。常用的试验方法包括颗粒分析试验、压缩试验和剪切试验等。

1. 颗粒分析试验

颗粒分析试验用于确定地基土中不同颗粒大小的比例分布，包括粉状颗粒、细沙、粗沙和砾石等。通过这个试验可以了解地基土的颗粒组成及其分布情况，进而推断其工程性质和可行性。

2. 压缩试验

压缩试验主要用于确定地基土的压缩特性，包括压缩系数、固结指数和剪切模量等参数。通过施加一定的荷载并测量土体的变形和应力变化，可以计算出地基土的压缩性质，为工程设计提供依据。

3. 剪切试验

剪切试验用于测定地基土的抗剪强度和剪切变形特性。通过施加不同的剪切力并测量应力和变形的关系，可以得到地基土的抗剪强度参数，如内摩擦角和剪切模量等。

这些试验方法可以提供地基土的重要工程性质数据，用于评估地基土的质量和可行性。通过分析试验结果，地基工程师可以了解地基土的强度、稳定性、可压缩性等特征，从而为工程设计和施工提供依据。这些数据对于选择适当的地基处理方式、合理设计地基结构以及进行质量控制都具有重要意义。

（四）监测与观测

通过安装监测设备和观测点，可以实时监测地基工程的变形、沉降、地下水位等关键参数。常用的监测技术包括全站仪测量、沉降管测量、倾斜仪测量、水平仪测量等。

1. 全站仪测量

全站仪是一种精密测量仪器，可用于测量地面或结构物的坐标、高程和方位角等参数。通过在合适位置设置全站仪并进行定期测量，工作人员可以了解地基工程的形变情况，包括垂直沉降、水平位移等。

2. 沉降管测量

沉降管是一种用来测量地表或地基沉降的设备。通过在地基上安装沉降管，并通过测量管内的沉降标记位置变化，工作人员可以获取地基沉降的数据。这些数据对于评估地基的稳定性和变形情况具有重要意义。

3. 倾斜仪测量

倾斜仪是一种测量设备，可用于检测结构物或地基的倾斜程度。通过安装倾斜仪并定期测量，工作人员可以及时发现地基工程的倾斜变形，及时采取相应的措施进行调整或加固。

4. 水平仪测量

水平仪是一种用于测量水平面的仪器。在地基工程中,通过安装水平仪并进行测量,可以判断地基的水平度和平整度,以确保工程的准确性和稳定性。

通过这些监测技术,工作人员可以实时获取地基工程的变形、沉降、地下水位等数据,为工程师提供重要的参考和决策依据。及时发现和监测地基工程的问题,可以采取相应的修复措施,保障工程的安全和稳定性。

（五）抽样检查

在施工过程中,对关键部位和关键环节进行抽样检查是地基工程质量监督的重要手段之一。通过抽样检查,可以验证施工质量的合格性,并及时发现和纠正潜在的问题。

一个常见的例子是对桩基础的钢筋质量进行抽样检查。在施工过程中,施工方会按照设计要求布置钢筋,在混凝土浇筑前,监督人员可以随机抽取几根钢筋进行检查。检查包括钢筋直径、弯曲程度、长度等是否符合设计要求和相关标准。这有助于确保桩基础的钢筋质量合格,提高桩基础的承载能力和稳定性。

另一个例子是对混凝土强度进行抽样检查。在混凝土浇筑后,监督人员会抽取一定数量的混凝土样品进行强度检测。这可以通过在浇筑现场制作试块或从已浇筑的构件上取样来实现。通过试验检测混凝土的抗压强度,判断其是否达到设计要求和相关标准。如果强度不符合要求,可以及时采取措施进行调整或重新浇筑。

除了桩基础钢筋质量和混凝土强度外,还可以针对其他关键部位和关键环节进行抽样检查。例如,地基土的密实度、承载力等参数,支撑结构的稳定性,防水层的质量等。通过抽样检查,可以评估施工质量的合格性,并发现潜在的问题,及时进行整改和修复,确保地基工程的安全和可靠。

（六）非破坏性检测

利用非破坏性检测技术对地基工程进行评估是一种有效的手段,它可以提供地基结构的信息,如土体的密实度、缺陷和异物的存在等。其中常用的非破坏性检测技术包括超声波测试和地质雷达探测。

超声波测试是通过发送超声波脉冲并接收反射波来评估地基结构的质量和性

能。在地基工程中,超声波测试常用于测量土体的波速和弹性模量等参数,从而推断土体的密实度和质量。通过分析超声波传播的速度和衰减情况,可以判断土体的均匀性和存在的缺陷或异物。

另一种常用的非破坏性检测技术是地质雷达探测。地质雷达是一种电磁波探测设备,可用于探测地下的结构和材料变化。在地基工程中,地质雷达可以用于识别地下障碍物、检测土层界面、评估土壤的含水量和土层厚度等。通过分析地质雷达的回波信号,工作人员可以获取地基结构的相关信息,并帮助工程师评估地基的质量和可行性。

这些非破坏性检测技术具有快速、准确、无损伤等优点。通过应用这些技术,工作人员可以在不破坏地基结构的情况下获取相关信息,并提供给工程师进行分析和评估。这有助于发现地基结构中的问题,及时采取相应的措施进行调整或修复,确保地基工程的安全性和稳定性。

(七) 专家评审

邀请相关领域的专家对地基工程进行评审是确保地基工程质量的一项重要措施。专家的意见和建议可以为工程提供专业指导,帮助改进地基工程的设计和施工过程。

第一,选择适合的专家团队。专家团队应包括地基工程领域的专业人士,如土力学、岩土工程、结构工程等方面的专家。他们应具备丰富的实践经验和专业知识,能够全面评估地基工程的质量和可行性。

第二,邀请专家参与地基工程的评审。这可以通过组织专家座谈会、工地实地考察、技术交流会议等形式进行。在评审过程中,专家可以针对地基工程的关键问题进行深入讨论和分析,提出自己的意见和建议。

①对地基工程设计文件的审查,包括技术方案、施工图纸等。专家可以评估设计的合理性、可行性,并提出改进建议。

②对地基工程施工过程的监督与检查。专家可以参观施工现场,检查施工质量管理、材料使用、施工工艺等情况,提出改进建议。

③对地基工程中关键环节和关键部位的检验与测试。专家可以参与抽样检查、

试验测量等活动,验证施工质量的合格性,并提供专业意见。

④对地基工程存在问题的分析和解决方案的提出。专家可以通过对问题的深入研究和专业知识的运用,给出解决问题的建议和方案。

五、地基工程质量监督与验收的注意事项

(一)合理规划

在制定地基工程的监督与验收方案时,应根据地基工程的特点和复杂程度,合理规划监督和验收的内容、方法和频次,并制定监督与验收计划。

1.内容规划

根据地基工程的类型和特点,确定监督和验收的内容范围。这包括施工过程中的关键环节和关键部位,如土壤处理、基坑支护、桩基施工等。同时还要考虑到地基工程所涉及的其他因素,如地下水位、地质条件等。确保监督和验收的内容能够全面覆盖地基工程的重要方面。

2.方法选择

根据地基工程的复杂程度和要求,选择适合的监督和验收方法。常用的方法包括现场巡查、文件审查、抽样检查、非破坏性检测等。结合实际情况,可以采用单一的方法或多种方法相结合,以提高监督和验收的准确性和可靠性。

3.频次安排

根据地基工程的进度和风险等级,合理安排监督和验收的频次。对于复杂的地基工程和关键环节,应增加监督和验收的频次,以确保质量和安全。对于较为简单的地基工程,可以适当减少监督和验收的频次,但仍需保证关键环节的有效监控。

4.监督与验收计划

在制定监督与验收方案时,应编制详细的监督与验收计划。计划包括监督和验收的时间节点、具体任务和责任人等内容。通过制定计划,可以明确监督和验收的目标和要求,提高工作的组织性和执行力。

（二）全面监督

监督与验收应覆盖地基工程施工的各个阶段,从前期准备到施工完成,以确保全程监督和全面验收。

1. 前期准备阶段

在地基工程开始之前,进行前期准备工作的监督与验收,包括对设计文件、施工方案、技术要求等进行审查,并与相关方进行沟通和协调,确保前期准备工作符合规范和要求。

2. 施工准备阶段

在地基工程正式施工前,进行施工准备工作的监督与验收,包括现场设备和材料的检查,施工人员的培训和资质核实,施工计划和安全措施的评估等,确保施工准备工作符合规范和要求。

3. 施工过程阶段

在地基工程的施工过程中,进行全程监督和阶段性验收,包括现场巡查和抽样检查,对关键环节和关键部位进行监测和检验。通过监督和验收,确保施工过程符合设计要求和技术标准,及时发现并纠正问题。

4. 完工验收阶段

在地基工程施工完成后,进行最终的完工验收,包括对施工质量、安全措施的全面检查和评估,抽取样品进行试验测量,核实施工文件和技术要求的落实情况等,确保地基工程达到设计要求和规范标准,符合验收标准。

通过覆盖地基工程施工各个阶段的监督与验收,可以全面把握工程的质量和安全状况。及时发现和解决问题,确保地基工程的稳定性和可持续性。同时,也为监督人员提供了全程参与和指导的机会,促进施工过程的规范性和高效性。

（三）技术要求

监督与验收的人员应具备一定的专业知识和技术能力,了解地基工程的相关规范和标准,能够独立进行质量评估和判断。

1. 专业知识

监督与验收人员应具备地基工程领域的专业知识,包括土力学、岩土工程、结构工程等方面的知识。他们应了解地基工程的基本原理、施工方法和常见问题，并掌握相关的规范和标准要求。

2.技术能力

监督与验收人员应具备相应的技术能力，能够运用科学的方法和仪器设备进行监督与验收工作，包括现场巡查、抽样检查、试验测量等技术操作。他们需要熟悉各种检测设备的使用方法和数据分析技术，能够准确、可靠地评估地基工程的质量和安全性。

3.规范和标准

监督与验收人员应熟悉地基工程相关的规范和标准要求，如国家和行业标准、设计规范等。他们应了解这些规范和标准对地基工程质量的要求，能够根据实际情况进行评估和判断。

4.独立性与客观性

监督与验收人员应具备独立性和客观性，能够独立思考、分析问题，并给出专业的意见和建议。他们需要遵循职业道德，不受外界干扰，保证监督与验收工作的公正性和可信度。

通过具备一定的专业知识和技术能力，了解地基工程的相关规范和标准，监督与验收人员可以进行独立的质量评估和判断。他们能够发现潜在问题、提出改进建议，并确保地基工程符合设计要求和技术标准。这有助于提高地基工程的质量和安全水平，保障工程的可持续发展。

（四）数据准确性

在现场检测和监测过程中，确保数据的准确性和可靠性是非常重要的。

1.选择合适的方法和设备

根据监测对象的特点和要求，选择适当的检测方法和设备。确保所使用的方法和设备能够提供精确和可靠的数据。

2.校准仪器

定期对使用的检测设备进行校准，以保证其准确度。校准应由专业人员进行，并按照制造商的指导进行操作。

3. 现场操作规范

执行现场检测时，应严格按照操作规范进行。遵循标准化的操作流程，确保每个步骤都得到正确执行。

4. 数据记录和管理

正确记录检测过程中的各项数据，包括采样时间、位置、环境条件等。使用标准化的数据记录表格或软件，以减少人为误差。

5. 质量控制

设置质量控制程序，例如引入参比物质或盲样品进行验证。通过与已知结果进行比较，评估分析结果的准确性和可靠性。

6. 重复测量

进行多次测量并计算平均值，以减小单次测量可能存在的误差。在测量过程中，注意排除异常数据和干扰因素。

7. 环境监测

监测现场的环境条件，例如温度、湿度等，以确定这些条件是否对检测结果产生影响，并进行相应的校正或调整。

8. 人员培训

确保操作人员具备必要的技能和知识，熟悉检测方法和设备的使用。定期进行培训和考核，以提高操作人员的专业水平。

（五）合作配合

地基工程监督与验收是保证地基工程质量的重要环节，需要各方的紧密合作与配合。首先，与施工方的合作至关重要。监督人员应与施工方进行沟通，确保他们理解并遵守相关规范和标准。同时，监督人员需要及时发现并纠正施工中可能存在的问题，与施工方共同制定解决方案，并确保其落实执行。其次，与设计方的合作也是不可或缺的。监督人员需了解设计意图，审查设计文件，确保施工过程符合设计要求，并在必要时提出建议和改进方案。与监理方的密切合作也至关重要。监督人员与监理方共同开展现场检查，协调处理问题，确保施工符合监理要求，并及时记录和反馈施工情况。此外，还需要与业主方、相关部门等各方保持紧密联系,确保信息畅通,及时解决问题,推动地基工程质量管理工作的顺利进行。只有各方紧密合作与配合,才能共同确保地基工程的安全和质量。

（六）持续改进

监督与验收工作是一个不断改进的过程,需要根据实际情况及时总结经验教训,并完善监督与验收制度和流程,以提高地基工程质量管理的水平。第一,监督人员应定期召开经验交流会议,汇集各方面的意见和建议,分析存在的问题和不足,并提出改进建议。这些建议涉及监督与验收的方法、标准和程序等方面,以确保更加全面、科学和有效的监督与验收工作。第二,监督人员还应对监督与验收工作进行评估和审核,发现不足之处并提出改进方案。同时,利用先进的技术手段,如无人机、激光扫描等,提升监督与验收的效率和准确性。第三,监督人员还应关注国内外相关技术和管理的最新发展,引进先进的理念和经验,不断更新监督与验收的知识和方法。通过持续改进和创新,可以提高监督与验收工作的水平,为地基工程的质量管理提供更加可靠的保障。

六、地基工程质量验收的意义和价值

（一）确保工程安全性

确保工程的安全性是任何工程项目中至关重要的一环。而地基工程作为整个工程项目的基础,其安全性和稳定性尤为重要。通过进行地基工程质量验收,可以有效地确保地基工程的安全性,防止工程事故的发生。

在进行地基工程质量验收时,需要对地基工程的各项指标进行检查和评估。例如,地基的承载力、沉降控制、土壤的稳定性等。这些指标的合格与否直接关系到整个工程的安全性和稳定性。如果地基工程存在质量问题,可能导致工程的坍塌、倾斜或沉降等严重后果,甚至会危及人员的生命安全。

通过地基工程质量验收,可以确保地基工程达到设计要求并符合相关的建设标准和规范,从而有效提高工程的抗震性、承载能力和稳定性,减少工程事故的风险。同时,地基工程质量验收还可以及时发现和纠正存在的问题,避免在后续施工过程中出现隐患和质量缺陷。

（二）提高工程质量

提高工程质量是确保工程项目顺利进行和达到预期效果的关键因素。而地基工程作为整个工程项目的基础，其质量水平直接影响着工程的安全性、稳定性和耐久性。通过进行地基工程质量验收，可以帮助发现和纠正施工中存在的质量问题，进一步提高工程的质量水平。

在地基工程质量验收中，专业的验收人员会对地基工程进行全面的检查和评估。他们会关注地基的承载力、沉降控制、土壤的稳定性以及与周围环境的相互影响等方面。通过对这些指标的评估，可以及时发现和解决地基工程中存在的质量问题，确保地基的安全性和稳定性。

同时，地基工程质量验收还能够促使施工单位和相关责任方更加重视施工过程中的质量管理。在验收过程中，如果发现地基工程存在质量问题，施工单位需要及时采取纠正措施，确保工程符合设计要求和相关标准。这种监督和追责机制可以有效地推动工程质量的提升。

提高工程质量不仅有助于减少工程事故和质量纠纷的发生，还可以提升工程项目的整体竞争力和可持续发展能力。优质的工程不仅具备更好的安全性和稳定性，还能够满足用户的需求并延长使用寿命，从而为社会创造更大的价值。

（三）保护投资利益

保护建设单位的投资利益是任何工程项目中至关重要的一环。地基工程作为整个工程项目的基础，其质量问题会对整个工程项目的进展和效果产生重大影响。通过进行地基工程质量验收，可以对施工方的工程质量进行评估，从而保护建设单位的投资利益。

在地基工程质量验收中，专业的验收人员会对地基工程进行全面的检查和评估，包括地基的承载力、沉降控制、土壤的稳定性等指标。通过对这些指标的评估，可以判断地基工程是否符合设计要求和相关标准。如果发现地基工程存在质量问题，建设单位可以及时要求施工方进行修复或改进，确保工程达到预期的效果。

通过地基工程质量验收，建设单位可以获得专业的评估报告和意见，有据可依地与施工方进行协商和谈判。如果发现地基工程存在严重质量问题，建设单位可以要求施工方承担相应的责任,并要求进行重新施工或赔偿损失。这样可以有效地保护建设单位的投资利益,减少由于质量问题而导致的经济损失。

另外,地基工程质量验收还可以促使施工方更加重视工程质量和安全管理,提高整个工程项目的风险控制能力。如果施工方知道他们的工程质量将会接受专业的评估和验收,他们将更加注重细节和规范,并采取必要的措施确保工程的质量达到预期要求。这对于提升工程的质量水平和降低后期风险具有积极的影响。

(四)规范行业发展

地基工程质量验收对于规范行业的发展具有重要意义。作为建筑工程中的关键环节,地基工程的质量直接影响着整个工程项目的安全性、稳定性和耐久性。通过进行地基工程质量验收,可以推动行业技术水平和质量标准的提升,进一步规范行业的发展。

第一,地基工程质量验收要求施工方按照相关的设计要求和标准进行施工,从而促使施工方提高工程质量管理水平。在验收过程中,如果发现地基工程存在质量问题,施工方需要及时采取纠正措施,确保工程符合要求。这种监督机制可以迫使施工方严格遵守规范和标准,提高施工质量,降低质量风险。

第二,地基工程质量验收还能够推动行业的技术创新和发展。通过对地基工程的评估,可以及时发现和应用新的施工技术、材料和设备。例如,利用先进的地基加固技术和监测手段,可以提高地基的稳定性和抗震能力。这种技术创新不仅可以提高地基工程的质量,还有助于推动整个行业的发展。

第三,地基工程质量验收要求专业的验收人员参与其中,他们具备丰富的经验和专业知识。通过对地基工程的评估,他们可以及时发现和纠正存在的质量问题,并提供专业的建议和指导。这种专业的参与和监督有助于提高行业的整体技术水平和质量标准,为行业的可持续发展打下坚实的基础。

(五)改善社会环境

地基工程质量验收对于规范行业的发展具有重要意义。作为建筑工程中的关键环节,地基工程质量验收对于改善社会环境具有重要意义。作为城市基础设施和公共建筑的重要组成部分,地基工程的质量直接关系到人们的居住条件和生活质量。通过进行地基工程质量验收，可以保障城市基础设施和公共建筑的质量，进而改善社会环境。

第一，地基工程质量验收能够确保城市基础设施的安全性和稳定性。城市基础设施包括道路、桥梁、水利工程等，它们的质量直接影响着城市交通、供水、排水等方面的正常运行。通过对地基工程的评估，可以及时发现存在的质量问题，并采取相应措施进行修复和加固，从而保证基础设施的安全性和可靠性，提高社会的整体运行效率。

第二，地基工程质量验收还能够保障公共建筑的质量和使用寿命。公共建筑如学校、医院、体育馆等是人们日常生活中重要的活动场所。通过对地基工程的评估，可以确保公共建筑的基础稳固、地面平整等，提供安全、舒适的使用环境。这不仅提升了人们的居住和工作条件，还有助于改善社会环境，促进人们的身心健康。

第三，地基工程质量验收还能够推动绿色建筑和可持续发展。在地基工程质量验收过程中，可以引入环保材料、节能技术等先进理念，减少对自然资源的消耗和环境的污染。这种绿色建筑的推广不仅有利于改善社会环境，还有助于实现可持续发展目标，为未来的可持续城市建设奠定基础。

第二节　基础工程质量监督与验收

基础工程是各种建筑、结构工程的重要组成部分，它直接关系到整个工程的安全稳定性和使用寿命。为了确保基础工程的质量，保障人民群众的生命财产安全，进行基础工程质量监督与验收是必不可少的环节。

一、基础工程质量监督

（一）监督目标

基础工程质量监督的主要目标是确保施工过程中的技术规范得到遵守，材料质量符合要求,施工质量达到预期目标。通过监督,可以及时发现和纠正施工中的问题,保证基础工程的安全可靠。

(二)监督内容

1.材料质量检验

材料质量检验是指对用于基础工程的各种材料进行严格的检查和评估,以确保其符合相关标准和规范要求。这项工作涵盖了广泛的材料类型,包括但不限于混凝土、钢筋、砂石、水泥、沥青等。

在材料质量检验过程中,常见的步骤包括样品采集、实验室测试和结果分析。首先,从供应商或现场选取代表性的样品,并按照规定的程序进行采集和封存。其次,这些样品将送往专业实验室进行一系列的物理、化学和力学性能测试,如抗压强度、抗拉强度、含水率、pH值等。实验室根据国家或行业标准进行测试,并记录下测试结果。

根据测试结果,可以对材料的质量进行评估和判断。如果材料的测试结果符合相关标准和规范要求,那么该批材料可以被认为是合格的,并可以投入使用。反之,如果测试结果不达标,可能需要重新选择供应商或采购新的材料,以确保基础工程的质量安全。

材料质量检验在基础工程中具有重要的作用。合格的材料可以确保基础工程的稳定性、耐久性和安全性,同时也能降低维修和更换的成本。因此,进行材料质量检验是一个必要且不可或缺的步骤,以确保基础工程的质量达到设计要求,并满足相关法规和标准的要求。

2.施工工艺监督

施工工艺监督是指对施工过程中的各项工艺措施进行全面、细致的监督和管理,旨在确保施工操作规范、安全可靠。通过施工工艺监督,可以有效地控制施工质量,防止事故和质量问题的发生,保障工程的顺利进行和最终的质量达标。

(1)工艺流程监督

监督施工过程中各项工艺流程的实施情况,包括土方开挖、基础施工、结构施工、装饰装修等。确保施工按照设计要求和相关规范进行,避免施工程序出现偏差或错误。

(2)施工材料监督

对施工过程中使用的各种材料进行监督,包括材料的选择、采购、运输、储存和使用等。确保施工所用材料的质量合格,符合设计要求,杜绝使用劣质材料或偷工减料。

(3)施工设备监督

监督施工过程中所使用的各类设备的操作和维护情况,包括施工机械、起重设备、检测仪器等。确保设备正常运行,安全可靠,避免设备故障对施工质量和进度的影响。

(4)安全措施监督

监督施工现场的安全措施的执行情况,包括施工人员的安全防护、作业区域的标识和隔离、危险源的控制等。确保施工过程中人员和环境的安全,预防事故的发生。

(5)质量验收监督

对施工过程中的各个工序进行质量验收,确保施工质量符合设计要求和相关规范。同时,对施工过程中出现的质量问题进行整改和处理,确保工程最终达到预期的质量标准。

合理有效的施工工艺监督,可以提高施工质量和效率,降低事故和质量问题的风险,保证工程的顺利进行和最终的质量可靠。

3.现场质量检查

现场质量检查是指对基础工程施工现场进行定期或不定期的质量检查,旨在发现和解决存在的问题,确保施工质量符合设计要求和相关规范。通过现场质量检查,可以及时发现施工中的质量隐患和问题,并采取相应的措施予以解决,从而提高施工质量和保证工程的可靠性。

(1)施工工艺检查

对基础工程施工过程中的各项工艺操作进行检查,包括土方开挖、基坑支护、混凝土浇筑、钢筋绑扎等。检查工艺操作是否符合设计要求和相关规范,避免施工过程中出现偏差或错误。

(2)材料质量检查

对施工现场使用的各种材料进行抽样检测,包括混凝土、钢筋、砂石等。检查材料的质量是否合格,是否符合设计要求和相关标准,防止使用劣质材料影响施工质量和工程使用寿命。

(3)结构质量检查

对基础工程的结构施工进行检查,包括基础、地下室、地下管道等。检查结构施工的准确性和质量是否符合设计要求,避免出现结构缺陷或隐患,确保工程的安全可靠。

(4)施工设备检查

对施工现场使用的各类设备进行检查,包括起重机械、混凝土搅拌站、打桩机等。检查设备的操作是否规范,维护是否到位,确保设备的正常运行和安全可靠。

(5)安全环境检查

对施工现场的安全环境进行检查,包括施工人员的安全防护措施、作业区域的标识和隔离、危险源的控制等。检查安全措施的执行情况,预防事故的发生,保障施工人员和周围环境的安全。

现场质量检查可以及时发现问题并采取措施进行整改,确保施工质量符合要求,提高工程的可靠性和持久性。同时,还可以促进施工管理的规范化和标准化,为后续施工工作提供参考和借鉴。

4.质量记录管理

质量记录管理是指对基础工程施工过程中的各项数据和记录进行全面、系统的管理,以确保这些记录的真实性和有效性。通过质量记录管理,可以提供可靠的依据和参考,为质量控制、质量评估和问题解决提供支持。

(1)质量检查记录

对施工现场的质量检查结果进行记录,包括现场质量检查表、抽样检测报告等。记录检查的时间、地点、人员、检查内容和结论等信息,以便后续追溯和分析。

(2)施工过程记录

记录基础工程施工过程中的各项关键节点和工序,包括土方开挖、基坑支护、混凝土浇筑、钢筋绑扎等。记录施工过程的具体操作、材料使用情况、设备运行情况等,为后续质量评估和问题解决提供依据。

(3)材料验收记录

对施工现场使用的各种材料进行验收,并记录验收结果,包括材料的型号、规格、数量、供应商等信息,以及材料的验收标准和检测结果。确保材料的质量符合要求,避免使用劣质材料对工程质量造成影响。

(4)质量整改记录

对施工过程中发现的质量问题进行整改,并记录整改的过程和结果,包括问题的描述、原因分析、整改措施和整改结果等信息,以及相关人员的参与和签字确认。确保质量问题得到及时解决和落实,防止问题反复出现。

(5)质量评估报告

对基础工程施工质量进行定期或阶段性的评估,并编制评估报告。报告包括对施工质量的整体评价、存在的问题和改进措施等内容,为后续施工提供经验总结和改进方向。

(三)监督方式

1.定期巡视

定期巡视是指由相关部门组织专业人员定期对基础工程施工现场进行巡视,旨在了解施工进展情况,发现问题并提出整改要求。这一措施在施工管理中起到重要作用,如下所述。

(1)巡视频率和时机

定期巡视应根据施工工程的规模、复杂程度和施工阶段确定巡视频率和时机。可以分为每日、每周、每月或每个阶段进行巡视,确保对施工现场的全面覆盖。此外,还可以根据工程特点和重要节点,灵活调整巡视时间,以确保对施工进展和质量问题的及时把握。

(2)巡视人员和专业性

定期巡视应由相关部门组织专业人员进行,包括建设监理单位、工程质量检测机构等。这些人员应具备丰富的施工管理经验和专业知识,能够准确判断施工过程中的质量问题,并提出相应的整改要求。同时,巡视人员应定期接受培训,更新知识和技能,以适应不断发展的施工技术和管理要求。

(3)巡视内容和方法

定期巡视应对施工现场的各个方面进行全面检查,包括施工工艺、材料使用、设备操作、安全防护等。巡视人员可以结合施工图纸、设计文件和相关规范,进行逐项核查和比对。此外,还可以运用现代化技术手段,如无人机、激光扫描仪等,进行立体化、全方位的巡视,以获取更准确、全面的信息。

(4)发现问题和提出整改要求

定期巡视应重点关注施工过程中存在的问题,并及时提出整改要求。这些问题可能是施工质量不符合要求、工期进展缓慢或存在安全隐患等。巡视人员应具备敏锐的观察力和判断力,能够准确识别问题所在,并提出明确的整改要求。同时,巡视人员还应与相关责任方进行沟通和协调,确保整改措施的落实和效果。

(5)整改追踪和总结经验

定期巡视不仅仅是发现问题和提出整改要求,还应对整改情况进行追踪和评估。巡视人员应记录整改过程和结果,与相关责任方进行反馈和沟通。同时,还应总结巡视中发现的问题和解决经验,形成经验教训,为后续工程提供借鉴和改进的依据。

2.抽查检验

抽查检验是指在基础工程施工过程中,通过随机选择施工现场进行检测,对关键节点和重点部位进行质量检验,以确保施工质量符合标准和规范。

(1)抽查对象和方式

抽查检验应随机选择施工现场,覆盖不同工程段和施工阶段。可以通过系统抽样、随机数生成或其他抽样方法确定抽查对象。抽查对象包括关键节点、重要部位、容易出现质量问题的工序等。此外,也可以结合前期质量问题的分析和整改情况,有针对性地选择抽查对象。

(2)检验内容和标准

抽查检验应依据相关的设计文件、技术规范和质量标准,对选定的施工对象进行全面的质量检测。检验内容包括工程结构、材料质量、施工工艺、设备操作、安全措施等方面。根据不同的施工对象,制定相应的检测方法和评价标准,确保检验结果客观、准确。

(3)检验人员和专业性

抽查检验应由具备相关专业知识和经验的人员进行。这些人员可以是建设监理单位、工程质量检测机构等专业机构的工作人员,也可以是项目团队中具备相应技术背景的人员。他们应熟悉施工过程和相关规范,能够准确判断质量问题,并提出相应的改进措施。

(4)检验结果和处理

抽查检验的结果应及时进行记录和反馈,并与相关责任方进行沟通和协调。对于发现的质量问题,应提出明确的整改要求,并追踪整改过程和效果。同时,还应总结抽查检验中发现的问题和解决经验,形成经验教训,为后续施工提供借鉴和改进的依据。

(5)推动施工管理和质量改进

抽查检验不仅仅是对施工质量进行把关,还有助于推动施工管理和质量改进。通过抽查检验的结果,可以发现施工中存在的问题和隐患,及时采取纠正措施,避免问题扩大或延误工期。同时,抽查检验还可以增强施工单位的责任意识和质量意识,促进施工管理的规范化和标准化。

3. 随机抽查

随机抽查是指通过随机选择样本的方式,对基础工程施工过程中的材料、工艺等进行抽查,以及时发现和纠正问题。

(1)抽查对象和抽样方法

随机抽查应涵盖基础工程施工过程中的各个环节和关键要素,包括材料、工艺、设备操作、安全措施等。可以通过系统抽样、随机数生成或其他抽样方法确定抽查对象。抽样样本应具有代表性,能够反映整个施工过程的质量状况。

(2)抽查内容和标准

随机抽查的内容包括但不限于材料质量、施工工艺、施工现场管理、设备操作等方面。根据相关设计文件、技术规范和质量标准,制定相应的抽查检测方法和评价标准。确保抽查结果客观、准确,并与相关规范和标准进行对比,及时发现问题并采取纠正措施。

(3)抽查频率和方式

随机抽查的频率和方式可以根据基础工程的特点和施工进度进行调整。可以每天、每周或每个阶段进行抽查,确保对施工过程的全面覆盖。抽查方式可以采用现场检测、样品送检、设备操作监控等不同的方法,灵活选择适合的方式。

(4)抽查结果和处理

随机抽查的结果应及时进行记录和反馈,并与相关责任方进行沟通和协调。对于发现的问题,应提出明确的整改要求,并追踪整改过程和效果。同时,还应总结随机抽查中发现的问题和解决经验,形成经验教训,为后续施工提供借鉴和改进的依据。

(5)推动质量管理和持续改进

随机抽查不仅是对施工质量进行监督,还有助于推动质量管理和持续改进。通过随机抽查的结果,可以发现施工中的问题和隐患,及时采取纠正措施,避免问题扩大或延误工期。同时,随机抽查也可以增强施工单位的质量意识和责任感,促进施工管理的规范化和标准化。

4.自查自纠

自查自纠是指鼓励施工单位自行开展质量检查和整改的一种质量管理措施,旨在加强内部管理,提高施工质量。

(1)自查自纠范围和内容

自查自纠应涵盖施工过程中的各个环节和关键要素,包括材料、工艺、设备操作、安全措施等。自查自纠的内容可以根据项目特点和前期问题分析确定,重点关注易出现问题的施工阶段和关键节点。同时,也可以参考相关设计文件、技术规范和质量标准,制定相应的自查检测方法和评价标准。

(2)自查自纠频率和方式

自查自纠的频率和方式可以根据基础工程的特点和施工进度进行调整。可以每天、每周或每个阶段进行自查,以确保对施工过程的全面覆盖。自查自纠方式可以采用现场巡视、数据分析、随机抽样等不同的方法,灵活选择适合的方式。

(3)自查自纠结果和处理

自查自纠的结果应及时进行记录和分析,并采取相应的整改措施。对于发现的问题,施工单位应制定明确的整改要求,并追踪整改过程和效果。同时,还应总结自查自纠中发现的问题和解决经验,形成经验教训,为后续施工提供借鉴和改进的依据。

(4)内部管理和质量意识

自查自纠是一种内部管理手段,通过自主检查和整改,能够增强施工单位的质量意识和责任感。施工单位应建立健全的内部管理机制,加强对施工人员的培训和指导,提高其技术水平和工作质量。同时,也要推动质量管理的规范化和标准化,加强与监理单位、业主方的沟通和协调,共同提升施工质量。

(5)持续改进和创新意识

自查自纠不仅仅是对已有问题进行整改,更重要的是推动持续改进和创新。通过自查自纠,可以发现施工中存在的问题和隐患,及时采取纠正措施,避免问题扩大或延误工期。同时,也鼓励施工单位积极探索新的施工技术和方法,推动施工质量的不断提升和创新。

二、基础工程质量验收

(一)验收目的

基础工程质量验收的主要目的是确保基础工程达到设计要求,具备安全可靠性和使用功能。通过验收,可以对基础工程的质量进行评估,为后续工程的施工和使用提供依据。

(二)验收程序

1.验收前准备

(1)确保基础工程符合设计要求

基础工程质量验收的首要目的是确认基础工程的实际情况与设计文件的要求是否一致。通过检查和测试,验证施工过程中的各项参数、材料选用、施工方法等是否符合设计要求。只有验收合格,基础工程才能进入后续施工阶段。

(2)确保基础工程的安全可靠性

基础工程的安全可靠性是质量验收的重要考核指标之一。通过验收,可以评估基础工程的抗震性、承载能力、稳定性等关键技术指标,确保其能够承受正常使用和外部荷载的要求,避免发生结构破坏或安全事故。

(3)确保基础工程具备使用功能

基础工程的使用功能是质量验收的另一个重要目标。通过验收,可以评估基础工程是否满足使用功能的要求,如地基承载能力、水密性、渗透性等。只有在基础工程具备使用功能的情况下,后续的建筑施工和设备安装才能顺利进行。

(4)提供依据和参考

基础工程质量验收的结果和验收报告将作为后续工程施工和使用的依据和参考。验收报告中包含了基础工程的实际情况、验收结果、存在的问题和整改要求等内容,为后续的工程管理提供了重要参考和指导。同时,验收报告还可以用于工程竣工验收、保修期管理和维护保养等环节。

(5)推动质量改进和技术创新

基础工程质量验收不仅是对已完成工程的评估,也是推动质量改进和技术创新必不可少的手段。通过验收过程中发现的问题和经验教训,可以总结并提出相应的改进建议,促进施工单位和相关部门加强质量管理,提高技术水平,推动工程质量的不断提升和创新。

2.验收组成员确定

由相关部门组织验收组成员,包括设计人员、施工单位代表、监理人员等,以确保多方参与、公正客观。

3.现场勘察和检查

验收组成员对基础工程现场进行勘察和检查,了解施工情况、质量状况,并记录相关问题和建议。

4.技术评审和评估

根据勘察和检查结果,对基础工程的技术指标和质量状况进行评审和评估,判断是否符合验收标准。

5.验收结论和报告

验收组根据评估结果,形成验收结论和报告,明确基础工程的质量状况和验收意见。

（三）验收标准

1. 技术指标

基础工程的技术指标是评估其质量的重要依据。这些指标包括承载力、稳定性、变形控制等。例如，在土木工程中，承载力是评价地基质量的关键指标，而在桥梁工程中，稳定性是评估桥墩基础的重要指标。基础工程的技术指标应符合设计要求和相关规范，以确保基础工程的安全和可靠性。

2. 施工质量

基础工程的施工质量是保证工程质量的重要环节。施工质量包括混凝土浇筑质量、钢筋布置质量、地基处理质量等。例如，在混凝土浇筑过程中，需要确保混凝土的配比准确、浇筑均匀，以避免出现空洞、裂缝等质量问题。同时，钢筋的布置要符合设计要求，确保基础工程的强度和稳定性。

3. 安全可靠性

基础工程的安全可靠性是保证使用寿命和功能的重要保障。在验收过程中，需要验证基础工程能够承受正常使用条件下的荷载和外力，确保其不会出现破坏、变形等安全问题。例如，在桥梁工程中，需要通过静载试验、动态载荷试验等方式来评估桥墩基础的安全可靠性。

4. 使用功能

基础工程应满足使用功能的要求。这包括平整度、水平度等指标。例如，在道路工程中，需要确保路面的平整度，以提供舒适的行驶体验；而在建筑工程中，地板的水平度对于设备安装和使用具有重要影响。基础工程的使用功能会直接关系到后续工程的顺利进行和使用效果。

第四章　结构工程的质量监督与验收

第一节　混凝土结构的质量监督与验收

混凝土结构是建筑和土木工程中常见的结构形式,其质量监督与验收对于保证工程质量和安全至关重要。

一、混凝土配合比的控制

在混凝土施工过程中,混凝土配合比的控制是确保混凝土质量稳定性和工程强度的重要步骤。除了水胶比、水泥用量和骨料比例外,还包括添加剂的使用和细度模数等因素。

1. 水胶比的控制

水胶比是指水与胶体材料(水泥和粉煤灰等)的质量比。水胶比直接影响混凝土的流动性、强度和耐久性。较低的水胶比可以提高混凝土的强度,但会降低其流动性;较高的水胶比可以提高混凝土的流动性,但会降低其强度。

监督过程中,应根据设计要求和相关标准,对混凝土的水胶比进行控制和检测。通过试验和实际施工情况,调整水胶比以达到最佳配合比。

2. 水泥用量的控制

水泥是混凝土中的主要胶凝材料,其用量直接影响混凝土的强度和硬化时间。过多或过少的水泥用量都会对混凝土性能产生不良影响。

监督过程中,应根据设计要求和相关标准,控制水泥用量,并进行抽样检测。通过试验和实际施工情况,调整水泥用量以满足混凝土的强度和耐久性要求。

3. 骨料比例的控制

骨料是混凝土中的填充料,包括粗骨料和细骨料。合理的骨料比例可以影响混凝土的强度、流动性和抗裂性能。

监督过程中，应根据设计要求和相关标准，控制骨料比例，并进行抽样检测。通过试验和实际施工情况，调整骨料比例以获得所需的混凝土性能。

4. 添加剂的使用

添加剂是用于改善混凝土性能的化学物质，如减水剂、增稠剂、缓凝剂等。它们可以改善混凝土的流动性、减少水泥用量、控制凝结时间等。

监督过程中，应确保添加剂的种类和用量符合设计要求和相关标准。根据试验和实际施工情况，合理调整添加剂以满足混凝土性能的要求。

5. 细度模数的控制

细度模数是指骨料中不同粒径颗粒的比例和分布情况。合理的细度模数可以影响混凝土的流动性、强度和抗裂性能。

监督过程中，应根据设计要求和相关标准，控制骨料的细度模数，并进行抽样检测。通过试验和实际施工情况，调整细度模数以满足混凝土性能的要求。

二、混凝土原材料的质量控制

监督过程中，需要对混凝土原材料进行质量控制，包括水泥、骨料、矿粉等。确保原材料符合相关标准和规范的要求。

验收时，对混凝土原材料进行取样检测，包括水泥的标准稠度、骨料的含泥量、矿粉的细度等。

三、施工工艺的监督与验收

在混凝土施工过程中，对混凝土原材料进行质量控制是确保混凝土质量和工程性能的重要环节。除了水泥、骨料和矿粉等常见原材料外，还包括掺合料、矿渣粉等。

1. 水泥质量控制

监督过程中，需要对水泥的品牌、生产厂家、质量认证等进行检查，并核实其符合相关标准和规范的要求。

验收时，对水泥进行取样检测，包括标准稠度试验、细度测试、化学成分分析等,以确保其质量符合设计要求。

2.骨料质量控制

监督过程中,需对骨料(包括粗骨料和细骨料)的来源、规格、质量等进行检查,确保其符合相关标准和规范的要求。

验收时,对骨料进行取样检测,包括颗粒分布、含泥量、石粉含量等指标的测试,以评估其质量是否合格。

3.矿粉和掺合料质量控制

监督过程中,对矿粉(如粉煤灰、矿渣粉)和掺合料(如膨胀剂、缓凝剂)的来源、质量等进行检查,确保其符合相关标准和规范。

验收时,对矿粉和掺合料进行取样检测,包括细度、化学成分、活性指数等指标的测试,以确保其质量符合设计要求。

4.化学添加剂的使用

监督过程中,需对化学添加剂(如减水剂、增稠剂、缓凝剂)的品牌、厂家、质量认证等进行检查,确保其符合相关标准和规范。

验收时,对化学添加剂进行抽样检测,包括减水率、保水性、含气量等指标的测试,以确认其质量和性能是否满足要求。

四、混凝土强度的检测与验收

在混凝土施工过程中,施工工艺的监督与验收是确保混凝土结构质量和工程安全的关键环节。

1.浇注工艺的监督与验收

监督过程中,需要对混凝土浇注工艺进行监督和控制,包括混凝土的搅拌、运输、放置等环节,确保操作符合相关标准和规范。

验收时,需检查混凝土浇筑的均匀性、流动性和坍落度等指标,并与设计要求进行比较和评估。

2.振捣工艺的监督与验收

监督过程中,需要对混凝土振捣工艺进行监督和控制,确保振捣设备的选择和使用符合相关标准和规范。

验收时,需检查混凝土振捣的均匀性、密实性和表面平整度等指标,并与设计要求进行比较和评估。

3. 养护工艺的监督与验收

监督过程中,需要对混凝土养护工艺进行监督和控制,确保养护条件符合相关标准和规范。

验收时,需检查混凝土养护的湿度、温度和时间等指标,并与设计要求进行比较和评估。

4. 强度试验与监测

监督过程中,应定期进行混凝土的强度试验,以监测其强度发展情况。可采用标准立方体或圆柱体试件进行试验。

验收时,需对已浇筑的混凝土进行强度检测,并与设计要求进行比较和评估。

5. 质量记录与报告

监督过程中,需及时记录施工过程中的关键数据和问题,并编制质量监督报告,包括施工工艺的监督情况、试验结果和质量评价等。

验收时,根据质量监督报告进行验收,评估施工工艺的合格性和整体质量。

五、裂缝和变形的处理

在混凝土结构的质量监督和验收过程中,裂缝和变形是常见的问题。它们可能影响结构的强度、稳定性和耐久性,因此需要及时检查和评估,并采取适当的补强措施。

1. 检查和评估

对已发生的裂缝和变形进行全面的检查和评估。这包括确定其类型、位置、长度、宽度和深度等参数,并分析其产生原因。可以通过视觉检查、测量和无损检测等手段来获取相关数据。

2. 增加支撑

对于裂缝和变形较严重的情况,可能需要增加支撑来提供额外的力学支持。例如,在存在大面积裂缝的墙体或梁上,可以增加钢筋加固或设置补强板来增强结构的承载能力。

3. 修复裂缝

对于裂缝的修复,可以采用不同的方法。对于小幅度的表面裂缝,可以使用填充材料(如聚合物修补剂)填补裂缝,并确保其与周围混凝土表面的黏附性。对于较大的裂缝,可能需要先进行裂缝开槽,然后填充特殊的修补材料。

4. 调整荷载分布

一些裂缝和变形问题可能是由于荷载分布不均匀引起的。通过重新设计或调整结构的荷载分布,可以减轻部分区域的承载压力,从而减少或防止裂缝和变形的进一步产生。

5. 加固结构

对于已经发生严重变形或有潜在风险的结构,可能需要进行加固处理。这可以包括增加钢筋、设置预应力杆、加装支撑结构等方法,以提高结构的稳定性和承载能力。

6. 预防措施的扩充

除了上述提到的预防措施外,还有一些额外的方法可以采取来预防裂缝和变形的发生。

(1)合理的结构设计

在结构设计阶段,应根据实际情况和使用要求,合理选择结构形式、尺寸和材料。确保结构具有足够的强度和刚度,以减少裂缝和变形的风险。

(2)控制施工过程

在混凝土浇筑和养护过程中,应严格按照施工规范和操作指南进行操作。合理控制浇筑速度、振捣方式和养护时间,避免因施工不当而引起的裂缝和变形问题。

(3)养护措施的加强

适当的养护可以帮助混凝土更好地发展强度,并减少裂缝和变形的发生。在养护期间,应保持适宜的湿度和温度条件,并避免突然干燥或受到极端温度变化的影响。

(4)定期维护和检查

定期对混凝土结构进行维护和检查,及时发现并修复潜在的裂缝和变形。这包括清理排水系统、修补损坏的保护层、加固已有的结构等。

(5)使用合适的控制技术

在一些特殊情况下,可以考虑使用控制技术来减少裂缝和变形的发生。例如,采用预应力技术、钢筋网片、纤维增强材料等来增加混凝土的承载能力和抗裂性能。

六、养护措施的监督与验收

在混凝土结构的施工过程中,养护措施的监督与验收是确保混凝土强度和耐久性的重要环节。

(一)养护措施的监督

1.温度控制

在混凝土养护过程中,监督温度的控制是十分重要的。环境温度和混凝土表面温度对混凝土的强度发展和硬化过程具有直接影响。监督过程中,需要确保温度在设计要求范围内,并避免温度变化过大或过快。

(1)环境温度控制

监测施工现场的环境温度,包括气温、太阳辐射等因素。特别是在高温季节或炎热地区,应采取适当的措施来降低环境温度,如使用遮阳网、喷水降温等。

(2)混凝土表面温度控制

监督混凝土表面的温度,以防止出现过快或过慢的干燥速度。可以通过使用遮阳棚、湿布覆盖、喷水降温等方式来控制混凝土表面的温度。

(3)温度记录与监测

在养护过程中,应进行温度的定期记录和监测。可以使用温度计等设备对混凝土表面和环境温度进行测量,并将数据记录下来,以便后续的分析和评估。

2.湿度控制

养护过程中,湿度的控制对于混凝土的强度发展和耐久性至关重要。监督湿度的控制包括保持混凝土表面湿润和提供适宜的湿度环境。

混凝土表面湿润:在养护过程中,应确保混凝土表面始终保持湿润状态。可以使用喷水、铺设湿布等方式来保持混凝土表面的湿度。特别是在干燥和风大的环境中,需加强湿润措施。

适宜湿度环境:除了保持混凝土表面湿润外,还需要提供适宜的湿度环境,以促进混凝土的水化反应和强度发展。可通过使用湿度调节器、覆盖湿布、增加湿度源等方式来控制环境湿度。

湿度记录与监测:在养护过程中,应进行湿度的定期记录和监测。可以使用湿度计等设备对混凝土表面和环境湿度进行测量,并将数据记录下来,以便后续的分析和评估。

3.养护时间

养护时间是混凝土强度发展和硬化过程所必需的。在监督过程中,需要确保养护时间足够,以确保混凝土获得充分的强度和耐久性。

养护期限的确定:根据设计要求和相关标准,确定混凝土的养护期限。不同类型的混凝土结构、材料和环境条件可能有不同的养护期限。

养护时间的监控:在施工过程中,应进行养护时间的监控。通过记录养护开始时间和结束时间,确保养护时间达到设计要求。同时,可通过定期检测混凝土强度的发展情况,判断是否需要延长养护时间。

养护时间的调整:根据实际情况和试验结果,有时需要对养护时间进行调整。特别是在恶劣的环境条件下或使用特殊材料时,可能需要延长养护时间以确保混凝土的强度发展。

（二）养护措施的验收

在混凝土养护的验收过程中,需要对养护措施进行检查,以确保养护工作的有效性和质量。

1.湿度检查

使用手触摸法:通过触摸混凝土表面来感受其湿润程度。如果混凝土表面感觉湿润或有水分滴落,则说明湿度较高。

使用湿度计:使用湿度计测量混凝土表面的湿度。湿度计通常具有针型或电子显示屏,可以快速、准确地测量湿度水平。

2.温度检查

使用温度计：使用温度计测量混凝土表面的温度。温度计可以是接触式的，如红外线温度计，也可以是插入式的，如电子温度计。

温度范围判断：将测得的温度与设计要求范围进行比较。确保混凝土表面温度在设计要求范围内，避免温度变化过大或过快。

3.养护时间评估

根据设计要求和相关标准，评估混凝土的养护时间是否足够。养护时间应考虑混凝土类型、环境条件和预期强度发展等因素。

4.检查养护记录

核对养护记录，确保养护开始时间、结束时间和养护措施的执行情况与实际操作一致。

5..养护措施的完整性

检查养护措施的完整性，包括湿布的覆盖程度、湿度调节器的工作状态等。确保养护措施没有被意外破坏或中断。

6.报告和记录

编制验收报告，记录养护措施的执行情况、检查结果和评估结论。报告应详细描述养护过程中的问题和解决措施。

第二节　钢结构的质量监督与验收

一、监督过程中的钢结构质量控制

（一）钢材的选择和采购

在监督钢结构质量的过程中，应对钢材的选择和采购进行严格监督。

1.监督钢材的品牌、规格和质量认证等信息

钢材的品牌和生产厂家是保证质量的重要因素之一。监督过程中应核实钢材的品牌和厂家信息，并确保其具有良好的声誉和信誉。

对于特定项目,可能存在特殊的钢材规格要求,如高强度钢、耐腐蚀钢等。监督过程中应核实钢材规格是否符合设计要求,并确保其可满足工程需求。

钢材的质量认证是确保质量的关键。监督过程中应查验钢材的质量认证文件,如ISO 9001质量管理体系认证、国家标准认证等,以确保钢材质量的可靠性和合规性。

2.检查钢材的外观质量

外观质量是评估钢材整体质量的重要指标。监督过程中应检查钢材表面的光洁度,确保没有明显的氧化、锈蚀或污染。

检查钢材是否存在裂纹、缺陷和变形等问题,特别是对于焊接部位或切割过程中可能出现的问题要进行仔细检查。

3.确保钢材符合相关标准和规范的要求

钢材的质量应符合国家标准、行业标准或项目特定的技术规范。监督过程中需要核实钢材是否符合相应的标准和规范要求。

监督过程中可以参考这几个方面,如检查钢材的化学成分、力学性能和物理性能是否符合要求;核实钢材的尺寸精度和表面质量是否满足规定标准;确保钢材的冷弯性能和焊接性能符合设计要求。

（二）制造和加工过程的监督

钢结构的制造和加工过程需要进行严格的监督,以确保质量的控制和保证。具体措施如下。

1.检查制造设备和工艺流程

监督过程中应对制造设备进行检查,确保其符合技术要求和标准,能够满足钢结构的制造要求。

检查设备的运行状态和维护记录,确保设备正常运转,并定期进行维护和保养,以保证工艺的稳定性和可靠性。

2.监督焊接、切割、冷弯等工艺的操作规范和质量控制

焊接是钢结构制造中关键的工艺环节,监督过程中应确保焊接操作符合相关的焊接规范和标准。

检查焊缝的质量,包括焊缝形状、焊道充满度、无裂纹、无气孔等,以确保焊接质量达到要求。

对于切割和冷弯等工艺,也需要监督操作规范和质量控制,确保切割边缘平整、冷弯角度准确等。

3.进行钢结构尺寸、形状和连接件的检验和测试

监督过程中需要对钢结构的尺寸、形状和连接件进行检验和测试,以确保其符合设计要求和相关标准。

对于尺寸和形状,应进行精确的测量和检查,比较实际测量值与设计要求,确保偏差在允许范围内。

检查连接件的质量,包括焊接连接的强度和质量、螺栓连接的紧固力等,以确保连接的可靠性和稳定性。

(三)表面处理和防腐涂层的监督

在运输和安装钢结构之前,需要进行表面处理和防腐涂层的施工,以提高其耐久性和防腐性能。

1.监督钢结构表面处理的方法和质量

对钢结构进行表面处理是为了去除钢材表面的污垢、锈蚀和氧化物等物质,以确保表面的清洁度和粗糙度符合要求。

(1)选择适当的表面处理方法

钢材的材质和表面情况不同,需要根据实际情况选择适当的表面处理方法。喷砂除锈适用于去除表面较厚的锈蚀和氧化物,可以提供较好的清洁度和粗糙度。酸洗适用于去除表面的氧化皮和轻微的锈蚀,可以在一定程度上改善表面质量。

(2)监督表面处理的质量

监督过程中应确保采用的表面处理方法符合相关标准和规范,满足设计要求。检查表面处理后的钢材清洁度,确保去除污垢、锈蚀和氧化物等物质,表面呈现出光亮、干净的状态。检查表面的粗糙度,确保粗糙度符合设计要求,以便后续涂层的附着和防腐效果。

(3)使用适当的设备和工具

监督过程中要确保使用符合要求的设备和工具进行表面处理,以保证操作的效果和质量。确保喷砂机、酸洗槽等设备的正常运行和维护,以及喷砂媒体、酸洗液等材料的正确选择和使用。

2.检查防腐涂层的厚度、附着力和均匀性等指标

(1)检查防腐涂层的厚度

防腐涂层的厚度是保护钢结构的关键因素之一。监督过程中应检查涂层的厚度是否符合设计要求。使用适当的测量工具,如涂层厚度仪,对涂层进行测量,并与设计要求进行比较。

(2)检查涂层的附着力

附着力是评估涂层质量的重要指标。监督过程中应检查涂层与钢材表面的附着性能。

使用相应的试验方法,如剥离试验、拉伸试验等,评估涂层与钢材的附着力,并确保其能够牢固地附着在钢材表面。

(3)检查涂层的均匀性

均匀的涂层能够有效覆盖整个钢结构表面,提供均衡的防腐保护。监督过程中应检查涂层的均匀性。观察涂层是否存在漏涂、重涂或不均匀的情况,特别注意涂层在焊缝、棱角和凹凸部位的覆盖情况。

3.确保运输和安装过程中的防腐保护

运输和安装过程中,钢结构容易受到外界环境的影响,需要进行适当的防腐保护措施。

(1)监督运输过程中的包装和装载

在运输钢结构之前,应确保对其进行适当的包装和装载,以防止碰撞和损坏。监督包装材料的选择和使用,如木箱、塑料薄膜等,确保其具有足够的保护性能。检查装载过程中的操作规范,确保钢结构得到稳固地固定,避免在运输过程中发生摇晃和移动。

(2)监督安装过程中的防护措施

在安装钢结构时,应采取适当的防护措施,以防止钢结构接触水分和化学物

质,避免腐蚀和损坏。监督安装现场是否设置临时覆盖物,如防水布、塑料薄膜等,确保钢结构不被雨水、湿气等直接接触。检查安装过程中是否使用绝缘材料,如橡胶垫、绝缘胶带等,以防止钢结构与其他金属材料接触引发电化学腐蚀。

二、验收过程中的钢结构质量评估

(一)尺寸和形状的检查

在验收过程中,需要对钢结构的尺寸和形状进行检查,以评估其制造精度和几何参数是否符合要求。

1.检查钢结构的尺寸、形状和直线度等几何参数

使用适当的测量工具,如卷尺、角尺、直尺等,对钢结构的尺寸进行测量,并与设计图纸和施工图纸进行对比。检查钢结构的形状,包括平面形状、曲率和倾斜度等,确保与设计要求相符。检查钢结构的直线度,特别是对于长边或曲线部位,应检查其直线度是否满足要求。

2.确认钢结构的制造精度

检查钢结构的制造精度,如偏差、扭曲、变形等是否在允许范围内。对于各个连接点和焊接部位,应检查其位置和方向的准确性,确保符合设计要求。检查钢结构的表面质量,如平整度、光洁度等,确保达到规定的要求。

(二)焊接质量的评估

钢结构中的焊接是确保结构强度和稳定性的关键环节。为了确保焊接质量符合设计要求和相关标准,需要采取一系列具体措施进行评估。

1.检查焊缝的外观质量

(1)焊缝形状

焊缝应符合设计要求,并且没有明显的变形或偏差。这可以通过目视检查来评估,确保焊缝的形状符合规范。

(2)焊道充满度

焊道应充分填充焊缝,在视觉上不应有明显的空隙或不均匀。焊道填充不足可能导致焊缝强度不足,因此需要仔细检查以确保其达到要求。

(3)裂纹检测

通过目视检查或使用放大镜等工具来检查焊缝表面是否存在裂纹。裂纹是焊接中常见的缺陷,会对焊接质量产生负面影响。因此,需要特别关注焊缝表面是否有裂纹,并及时采取措施予以修复。

(4)气孔检测

气孔也是焊接中常见的缺陷,可以通过目视检查或使用渗透液等方法来检测焊缝表面是否存在气孔。气孔会降低焊接的强度和密封性,因此需要及时发现并进行修补。

2.进行焊缝的无损检测

(1)超声波检测

超声波检测(UT)是一种无损检测方法,它利用超声波穿透材料并探测焊缝内部的缺陷。通过超声波的反射和传播速度变化,可以定量地检测焊缝中的裂纹、夹杂物等缺陷,并提供缺陷的位置、大小和形状等信息。相比于目视检查或放大镜检查,超声波检测能够更准确地评估焊接质量,尤其适用于大型结构的检测,因为超声波可以通过探头和扫描仪对整个焊缝进行全面检测。

(2)X射线检测

X射线检测(RT)是另一种常用的无损检测方法,它利用X射线穿透材料并产生影像,通过对焊缝影像进行分析,可以检测到内部缺陷,如裂纹、气孔等。X射线检测在检测较厚的焊接材料时效果较好,因为X射线具有较高的穿透能力。通过对X射线影像的观察和分析,可以确定焊缝中的缺陷位置、形态和尺寸等信息。

这两种无损检测方法能够提供更全面、准确的评估结果,有助于发现焊缝中的潜在问题。然而,这些方法都需要专业培训和持证人员操作,并且需要遵守相关的安全措施,以确保人员和环境的安全。此外,根据具体情况,还可以结合其他无损检测方法,如磁粉检测、涡流检测等,以获得更全面的焊接质量评估。

（三）表面处理和防腐涂层的评估

在验收钢结构时,对其表面处理和防腐涂层进行评估是非常重要的,以确保其质量和耐久性。具体措施如下。

1.检查防腐涂层的外观质量

(1)涂层平整度

检查涂层表面是否平整,应无明显凹凸不平或麻点等缺陷。

(2)颜色一致性

检查涂层颜色是否均匀一致,应无明显色差或斑点。

(3)无剥落

检查涂层是否有剥落、起泡或龟裂等现象。

2.进行涂层附着力和厚度的测试

(1)附着力测试

使用适当的方法(如刮削、拉伸、粘贴)来测试涂层的附着力。这可以评估涂层与基材的结合程度,以确保涂层不易剥离或脱落。

(2)厚度测试

通过使用合适的测量仪器(如涂层厚度计)来测量涂层的厚度。这可以验证涂层的厚度是否符合设计要求和相关标准,以确保足够的防护性能。

(四)强度和刚度的测试

在验收钢结构时,对其强度和刚度进行测试是非常重要的,以评估其承载能力和稳定性。具体的措施包括以下两个方面。

1.钢结构材料的拉伸试验

(1)强度评估

通过进行拉伸试验,可以评估钢结构材料的抗拉强度、屈服强度和断裂强度等指标。这可以帮助确定材料的强度是否符合设计要求和相关标准。

(2)延伸性能评估

拉伸试验还可以评估钢结构材料的延伸性能,如延伸率和断面收缩率。这些指标反映了材料在受拉应力下的变形和塑性性能。

2. 钢结构构件的静载试验

(1)刚度评估

通过对钢结构构件进行静载试验,可以评估其刚度和变形性能。这可以帮助确定构件的整体稳定性和承载能力,并确保其满足设计要求。

(2)承载能力评估

静载试验还可以评估钢结构构件的承载能力,即其能够承受的最大荷载。通过逐渐增加荷载并监测变形和应力,可以确定构件在各种荷载情况下的性能。

(五)文件和记录的审查

在钢结构验收过程中,审查文件和记录是非常重要的一步。通过审查相关文件和质量记录,可以核对施工过程和质量控制的完整性和合规性。具体措施如下:

1. 检查钢材购买证明

首先,需要仔细检查制造商提供的钢材购买证明。这些证明文件应包括钢材的规格、批号、质量证书等信息。其次,需要核对购买信息,确保所使用的钢材符合设计要求和相关标准,并且具备足够的质量保证。

2. 检查焊接工艺规程

焊接是钢结构制造中的重要工艺,因此需要审查制造商提供的焊接工艺规程。焊接工艺规程应包括焊接方法、焊接参数、焊工资质等内容。通过检查焊接工艺规程,可以确保焊接工艺符合设计要求和相关标准,从而保证焊接接头的质量。

3. 检查防腐涂层施工记录

钢结构通常需要进行防腐涂层处理,因此需要审查制造商提供的防腐涂层施工记录。这些记录应包括防腐涂层的种类、厚度、施工时间等信息。通过审查这些记录,可以确保防腐涂层符合设计要求和相关标准,从而保护钢结构免受腐蚀的影响。

4. 核对验收报告

应仔细核对验收报告,验收报告包括所有工作的详细描述,包括钢材检验结果、焊接接头的质量评定、防腐涂层的验收结果等。通过核对验收报告,可以确保所有工作符合设计要求和相关标准,从而保证钢结构的质量和安全性。

三、结论和报告

(一)对钢结构进行质量评估

根据监督和验收的结果,对钢结构进行质量评估是非常重要的。通过对施工过程和质量控制的监督和验收,可以判断钢结构是否符合设计要求和相关标准。评估的结果将有助于确定钢结构的质量水平和安全性。

在进行质量评估时,需要综合考虑以下因素。

1.钢材质量

核查钢材购买证明和质量证书,确保所使用的钢材符合设计要求和相关标准。

2.焊接质量

检查焊接工艺规程和焊接接头的质量评定,确保焊接工艺满足设计要求和相关标准。

3.防腐涂层质量

审查防腐涂层施工记录和验收结果,确保防腐涂层符合设计要求和相关标准。

根据以上评估,可以得出结论,判断钢结构是否符合设计要求和相关标准。

(二)编写质量验收报告

编写质量验收报告是必要的一步。验收报告应该详细描述监督和验收的过程,提供全面的评估结果和建议。

1.监督过程

说明监督的范围、方法和时间,列出监督中发现的问题和处理措施。

2.验收结果

总结钢结构各方面的质量状况,包括钢材质量、焊接质量、防腐涂层质量等。

3.结论

根据评估结果,给出对钢结构质量的评价,判断是否符合设计要求和相关标准。

4. 建议

提供改进和加强的建议,以提高钢结构的质量和安全性。

(三) 提出整改要求和建议

如果在验收过程中发现不合格问题,需要提出整改要求和建议,并跟踪整改情况。这样可以确保问题得到及时解决和处理,以提高钢结构的质量和安全性。

整改要求和建议应明确具体,包括必要的修复措施、时间表和责任人。同时,还需要设立相应的跟踪机制,定期检查整改进展,并确保整改工作按计划进行。

第五章 建筑装饰装修工程的质量监督与验收

第一节 室内装修的质量监督与验收

一、室内装修质量监督

（一）施工过程监督

施工过程监督是室内装修质量监督中至关重要的一环。在进行室内装修时，监督施工人员按照设计图纸和规范要求进行施工，可以确保施工质量达到标准，并最终实现满意的装修效果。

第一，在施工过程监督中，需要监督施工人员是否严格按照设计图纸进行操作。设计图纸是室内装修的指导方针，包含了各项构造、尺寸、位置等重要信息。监督人员需要仔细核对施工过程中的每一个步骤，确保施工人员准确无误地执行每一个细节，如墙体的拆除、新墙的建立、电路线的布置等。

第二，规范要求也是施工过程监督的重点之一。不同地区和国家有不同的建筑规范和行业标准，这些规范要求旨在保障室内装修的安全性和可持续性。监督人员需要了解并遵守相应的规范要求，确保施工人员在进行装修工作时符合相关要求，如防火安全、电气安装规范、卫生设施设置等。

第三，监督施工人员的技术操作也是施工过程监督的重要内容。装修工艺的正确操作直接影响到装修质量的好坏。监督人员需要检查施工人员的技术水平和操作方法，确保他们掌握了正确的工艺技巧，如瓷砖铺贴、涂料施工、木工制作等。同时，监督人员还需要对施工现场进行实时监测，及时发现问题并及时解决，以确保施工质量达到标准。

第四,施工过程监督还包括对施工进度的把控。监督人员需要确保施工进度按照计划进行,避免出现延期或加急施工等情况。他们需要与施工人员进行沟通,协调各个工种之间的配合,确保施工进度的顺利推进。

(二)材料质量监督

材料质量监督是室内装修质量监督中的一个重要方面。在进行室内装修时,监督使用的材料是否符合国家标准和设计要求,如地板、涂料、瓷砖等,对于保证装修质量和居住环境的安全性至关重要。

第一,地板是室内装修中使用频率较高的材料之一。监督人员需要核实所选用的地板材料是否符合国家标准和设计要求。这包括地板的耐磨性、防滑性、抗污性等性能指标的检查。同时,监督人员还需要留意地板的安装情况,确保地板铺设平整、无缝隙,并且固定牢靠。

第二,涂料是室内装修中常用的装饰材料之一。监督人员需要检查所使用的涂料是否符合国家标准和设计要求,如有害物质含量、防火性能等方面的要求。他们还需要关注涂料的施工质量,确保涂刷均匀、色彩鲜艳、附着力强,以及耐久性和装饰效果达到预期。

第三,瓷砖是室内装修中常用的墙地面材料之一。监督人员需要核实所选用的瓷砖是否符合国家标准和设计要求,如尺寸规格、强度等级等。他们还需要检查瓷砖的铺贴工艺,确保瓷砖的平整度、缝隙处理等达到标准。此外,监督人员还需要关注瓷砖的防滑性能,特别是在厨房和卫生间等湿润环境中的使用。

除了地板、涂料和瓷砖,还有其他一些常见的材料也需要进行质量监督。例如,墙面涂料、门窗材料、卫浴设备等。监督人员需要核实这些材料是否符合国家标准和设计要求,并对其安装质量进行检查,以确保装修质量和居住环境的安全性。

(三)工艺质量监督

1.工艺规范

确保施工方按照相关工艺规范进行操作。这些规范通常由行业标准、设计图纸和施工合同等文件确定。

2. 施工计划

审查施工方提供的详细施工计划,确保其中包含了必要的工艺操作步骤,并且按照正确的顺序进行。

3. 质量控制

实施质量控制措施,例如定期检查施工现场和材料,确保符合质量标准和工艺要求。

4. 专业人员监督

派遣有经验和专业知识的监理人员或工程师在施工现场进行监督,确保工艺操作按照要求进行。

5. 文件记录

监督过程中应做好记录,包括施工日志、照片、检查报告等,以便后续追踪和评估工艺操作的正确性。

6. 问题解决

及时发现和解决工艺操作中的问题,例如墙面处理不平整、石膏线安装不牢固等,确保及时修复和调整。

(四)环境质量监督

确保施工现场的环境卫生和安全情况是非常重要的,特别是要控制噪声、粉尘等污染物的产生。以下是一些监督施工现场环境卫生和安全情况的方法。

1. 环境管理计划

在施工前制定详细的环境管理计划,明确施工现场的环境卫生和安全要求,并确保施工方能够理解和遵守这些要求。

2. 施工区域隔离

将施工区域与周围环境分隔开来,使用合适的围挡或屏障,以减少施工噪声和粉尘向周围环境扩散的可能性。

3. 噪声控制

确保施工方使用符合标准的机械设备和工具,例如低噪声的施工机械和设备,并限制噪声产生的时间段,避免对周围居民造成过大的干扰。

4. 粉尘控制

采取措施控制施工现场产生的粉尘,例如覆盖材料、湿润施工区域、使用吸尘器等,以减少粉尘向周围环境扩散。

5. 废物管理

确保施工方按照规定的程序和要求进行废物分类、储存和处理,防止废物对环境造成污染。

6. 安全培训和监督

提供必要的安全培训给施工人员,确保他们了解并遵守安全操作规程。同时派遣有经验和专业知识的监理人员进行现场监督,确保施工过程中的安全措施得到有效执行。

7. 环境监测

定期进行环境监测,包括噪声和粉尘等参数的监测,以评估施工现场的环境卫生状况,并及时采取必要的措施进行调整和改进。

二、室内装修验收

(一)规格验收

在检查装修过程中,确保按照设计图纸和规范要求完成是至关重要的。

1. 设计图纸对照

仔细核对施工现场的装修工程与设计图纸是否一致,包括墙面平整度、门窗位置和尺寸、电器插座开关布置等,确保装修工程与设计意图相符。

2. 规范要求检查

根据相关规范和标准,对装修工程进行检查。例如,检查墙面平整度是否符合规定,门窗安装是否牢固,并且是否满足防火、防水、隔音等相关要求。

3. 材料质量评估

检查使用的装修材料是否符合规范要求,如石膏板、地板、瓷砖等。检查材料的质量、外观和安装情况,确保其符合设计图纸和规范要求。

4. 施工工艺检查

审查施工过程中采用的工艺和技术措施,确保符合相关规范要求。例如,在墙面处理方面,检查抹灰、打磨、刷漆等工艺是否正确执行。

5. 实地测量和检测

使用专业工具进行实地测量和检测,以验证墙面平整度、门窗位置和尺寸等参数是否符合设计要求。

6. 施工质量记录

做好施工质量记录,包括照片、测量数据、检查报告等。这些记录可用于后续评估装修工程的质量,并为纠正和改进提供依据。

(二)安全验收

在检查装修过程中,确保不存在安全隐患是非常重要的。

1. 电路接线检查

仔细检查电路接线是否牢固、规范,并符合相关电气安全标准。确保电线绝缘完好,插座和开关安装稳固可靠。

2. 防火措施评估

核查装修工程中的防火措施是否到位,例如墙壁、天花板、地板是否采用防火材料,是否设置了防火门等,确保装修工程符合消防安全要求。

3. 安全电器使用

检查所使用的电器设备是否符合安全标准和认证要求,确保电器设备具有过载保护、漏电保护等安全功能,并避免使用劣质或未经认证的电器产品。

4. 照明安全检查

评估照明设施是否安全可靠,如灯具是否固定牢固、电源线是否正确敷设,并注意避免使用易燃材料作为灯具附件。

5. 楼梯和扶手安全

检查楼梯和扶手的安装是否牢固、符合标准,确保楼梯的坡度、踏步高度等符合相关安全规范,并有适当的防滑措施。

6.通风和燃气安全

评估装修工程中通风系统的设计和安装是否合理,检查燃气管道和设备是否符合安全要求,并确保通风口和燃气设备的使用位置合理。

7.环境卫生和安全培训

检查施工现场的环境卫生情况,确保清洁整齐,并提供必要的安全培训给施工人员,使其了解和遵守相关安全操作规程。

(三)环保验收

1.甲醛含量检测

对使用的主要材料进行甲醛含量检测,如人造板、涂料、胶水等。确保甲醛含量符合相关国家或地区的标准要求,如E0级别或低于规定限值。

2.绿色认证

检查材料是否具有绿色认证,如环保认证、绿色建筑材料认证等。这些认证通常由权威机构颁发,验证材料的环保性能和安全性。

3.材料来源

了解材料的生产和供应链,确保其来源可靠并符合环保要求。选择来自良好环保记录的供应商,避免使用劣质和不合规的材料。

4.VOC排放

检查涂料、胶水等材料的VOC(挥发性有机化合物)排放情况,确保符合相关标准要求。选择低VOC的产品,减少对室内空气质量的影响。

5.环境友好标志

查看材料上是否有环境友好标志,如绿色标签、环保标志等。这些标志可以作为参考,表示材料符合环保要求。

6.材料质量评估

评估使用的材料的质量和外观,确保其符合设计要求,并在施工过程中进行正确安装和处理,以减少甲醛和其他有害物质的释放。

7.监测和检测

定期进行室内空气质量监测,包括甲醛和其他污染物的浓度。如果发现超标情况,及时采取措施进行改善和调整。

（四）功能验收

1.水龙头和管道

打开水龙头,检查水流是否顺畅,无渗漏或滴漏,同时检查冷热水供应是否正常,确保所有管道连接牢固。

2.开关和插座

测试开关和插座的正常工作,包括插入电器设备、开关灯具等,确保开关灵活可靠,插座能够正常通电,并注意检查接地情况。

3.照明设施

逐个检查各个照明设施,确保灯具安装牢固,灯光亮度适宜,开关控制正常。同时,测试调光功能(如果有)是否正常工作。

4.空调和暖气

测试空调和暖气系统的工作情况,确保温度调节功能正常,并检查送风口和回风口是否清洁。

5.厨房设备

测试厨房设备(如燃气灶、抽油烟机、消毒柜等)是否正常工作,确认火力调节、油烟排放等功能正常。

6.卫生间设施

检查卫生间设施,如马桶、浴缸、淋浴头等,确保正常使用,并注意检查防水措施是否到位。

7.电梯和门禁系统（如有）

测试电梯运行情况,确保平稳且符合安全标准。对门禁系统进行测试,确认刷卡、指纹识别等功能正常。

8.安全设备

测试烟雾报警器、灭火器等安全设备的工作情况,确保其能够及时发出警报并有效应对紧急情况。

第二节　外墙装修的质量监督与验收

一、外墙装修质量监督

外墙装修是建筑外观的重要组成部分,因此质量监督尤为重要。

(一)基层处理监督

监督墙体表面的清洁、修补和防潮处理,确保基层质量良好。

1. 清洁处理

监督施工方对墙体表面进行彻底清洁,去除灰尘、污垢和杂物等。确保墙体表面干净无污染,以便后续的修补和处理。

2. 修补处理

检查墙体表面是否存在裂缝、凹陷或其他损坏情况。监督施工方进行必要的修补工作,确保墙体表面平整、光滑,并达到设计要求。

3. 防潮处理

确保墙体表面进行防潮处理,特别是在潮湿环境或易受潮区域。监督施工方采取相应的防潮措施,如使用防水涂料、防潮剂等,以防止墙体受潮和发霉。

4. 施工规范

审查相关施工规范和标准,确保基层处理符合要求。例如,墙体清洁应符合清洁标准,修补应遵循修补规范,防潮处理应按照防潮要求进行。

5. 质量把关

派遣有经验和专业知识的监理人员或工程师在施工现场进行监督,并定期检查墙体基层处理的质量,确保施工方严格执行相关规范和要求,提高基层处理质量。

6. 文件记录

做好基层处理的记录,包括照片、检查报告等。记录可以作为后续评估基层处理质量和追溯问题原因的依据。

（二）防水隔热监督

监督外墙防水层和隔热层的施工质量,确保有效地防止水和热量渗透。

1. 材料检查

审查所使用的防水材料和隔热材料的质量和性能,确保材料符合相关标准和规范要求,并具备良好的耐候性、防水性和隔热性能。

2. 施工工艺监督

确保施工方按照相关的施工工艺进行操作。例如,对于防水层,监督涂刷或铺设防水涂料、防水膜等工艺的正确执行;对于隔热层,监督保温材料的安装和固定等。

3. 质量把关

派遣有经验和专业知识的监理人员或工程师进行现场监督,定期检查防水层和隔热层的施工质量,包括检查材料的选择和使用是否正确,施工工艺是否符合要求,确保施工过程中没有缺陷和漏洞。

4. 现场测试

使用专业的测试工具和设备,对防水层和隔热层进行必要的现场测试。例如,使用水压测试仪检测防水层的渗漏情况,使用热流计或红外测温仪检测隔热层的热传导性能等。

5. 文件记录

做好施工质量的记录,包括照片、测试报告、检查记录等。这些记录可以作为后续评估和追溯问题原因的依据。

（三）材料选用监督

监督使用的外墙材料是否符合设计要求和国家标准,如外墙砖、涂料等。

1. 设计要求对照

仔细核对设计图纸中对外墙材料的要求,包括种类、规格、颜色等,确保所使用的外墙材料与设计要求相符。

2. 国家标准检查

审查国家相关标准,如建筑材料质量标准、涂料标准等。检查所使用的外墙材料是否符合这些标准的要求,例如强度、耐候性、防水性等。

3. 材料供应商评估

评估材料供应商的信誉和资质,确保其提供的外墙材料符合质量要求,并具备相应的认证和测试报告。

4. 样品确认

要求施工方提供外墙材料的样品进行确认。通过检查样品的外观、质地、颜色等特征,确保其与设计要求一致,并满足预期的质量要求。

5. 施工现场抽样

从施工现场抽取外墙材料进行抽样测试,以验证其质量和性能。例如,通过实验室测试外墙砖的抗压强度、吸水率等指标,或对涂料进行耐候性测试。

6. 质量控制

监督施工过程中的质量控制措施,包括材料的储存、搬运、安装等环节,确保外墙材料在使用前没有损坏或污染,并按照正确的方法和要求进行安装。

7. 文件记录

做好外墙材料的记录,包括供应商证明文件、样品确认记录、测试报告等。这些记录可以作为后续评估材料质量和解决问题的依据。

(四)施工工艺监督

监督外墙装修过程中的施工工艺,如砌筑、贴瓷砖、涂料刷漆等。

1. 工艺规范

审查相关工艺规范和施工标准,如建筑砌筑规范、瓷砖贴合规范、涂料刷漆技术标准等。确保施工方按照这些规范进行操作。

2. 施工计划

评估施工方提供的施工计划,确保其中包含了必要的施工工艺步骤,并且按照正确的顺序进行。

3. 质量控制

实施质量控制措施,例如定期检查施工现场和材料,确保符合质量标准和工艺要求。对砌筑、贴瓷砖、涂料刷漆等工艺进行抽样检测,确保其符合规范要求。

4.专业人员监督

派遣有经验和专业知识的监理人员或工程师在施工现场进行监督,确保工艺操作按照要求进行。及时发现并解决施工过程中的问题和质量缺陷。

5.文件记录

做好施工工艺的记录,包括照片、检查报告等。记录可以作为后续评估施工质量和解决问题的依据。

6.交流和培训

与施工方进行沟通,明确工艺操作的要求和预期结果。提供必要的培训和指导,确保施工人员了解并掌握正确的工艺技术。

二、外墙装修的验收

外墙装修完成后,需要进行验收以确保质量符合要求。

(一)规格验收

检查外墙装修是否按照设计图纸和规范要求完成,如外墙平整度、颜色搭配等。

1.设计图纸对照

仔细核对施工现场的装修工程与设计图纸是否一致,包括外墙平整度、颜色搭配、材料选择等,确保装修工程与设计意图相符。

2.规范要求检查

根据相关规范和标准,对外墙装修进行检查。例如,检查外墙平整度是否符合规定,颜色搭配是否协调,并且符合建筑外观要求。

3.材料质量评估

检查使用的装修材料是否符合规范要求,如外墙砖、涂料、装饰板等。检查材料的质量、外观和安装情况,确保其符合设计图纸和规范要求。

4.施工工艺检查

审查施工过程中采用的工艺和技术措施,确保符合相关规范要求。例如,检查砌筑工艺、涂料施工工艺等是否正确执行。

5. 实地测量和检测

使用专业工具进行实地测量和检测，以验证外墙平整度、颜色搭配等参数是否符合设计要求。

6. 施工质量记录

做好施工质量记录，包括照片、测量数据、检查报告等。这些记录可用于后续评估装修工程的质量，并为纠正和改进提供依据。

7. 质量把关和验收

进行质量把关和中期/最终验收，确保外墙装修符合设计图纸和规范要求。如发现问题或不符合要求的地方，及时与施工方沟通并要求进行整改。

（二）防水隔热验收

检查外墙防水层和隔热层的施工质量，确保功能正常。

1. 施工工艺规范

审查相关的施工工艺规范和标准，如防水层施工规范、隔热层施工标准等，确保施工方按照这些规范进行操作，以保证施工质量。

2. 材料检查

检查使用的防水材料和隔热材料是否符合相关标准和规范要求，确保材料具有良好的耐候性、防水性和隔热性能，并满足设计要求。

3. 施工过程监督

派遣经验丰富的监理人员或工程师进行现场监督，确保施工过程中的关键步骤和工艺控制得到正确执行。监督防水层的涂刷、铺设，以及隔热层的安装和固定等。

4. 质量把关

对施工现场进行定期检查，包括防水层和隔热层的施工质量。检查涂层的均匀性、附着力，检查隔热材料的安装是否牢固、无缝隙，并确保施工过程中没有质量缺陷。

5. 现场测试

使用专业的测试工具和设备对防水层和隔热层进行必要的现场测试。例如，通过水压测试仪检测防水层的渗漏情况,使用热流计或红外测温仪检测隔热层的热传导性能等。

6. 文件记录

做好施工质量的记录,包括照片、测试报告、检查记录等。这些记录可以作为后续评估施工质量和解决问题的依据。

(三) 材料验收

检查使用的外墙材料是否符合设计要求和国家标准,如外墙砖、涂料等。

1. 设计要求对照

仔细核对设计图纸中对外墙材料的要求,包括种类、规格、颜色等。确保所使用的外墙材料与设计要求相符。

2. 国家标准检查

审查国家相关标准,如建筑材料质量标准、涂料标准等。检查所使用的外墙材料是否符合这些标准的要求,例如强度、耐候性、防水性等。

3. 材料供应商评估

评估材料供应商的信誉和资质,确保其提供的外墙材料符合质量要求,并具备相应的认证和测试报告。

4. 样品确认

要求施工方提供外墙材料的样品进行确认。通过检查样品的外观、质地、颜色等特征,确保其与设计要求一致,并满足预期的质量要求。

5. 施工现场抽样

从施工现场抽取外墙材料进行抽样测试,以验证其质量和性能。例如,通过实验室测试外墙砖的抗压强度、吸水率等指标,或对涂料进行耐候性测试。

6. 质量控制

监督施工过程中的质量控制措施,包括材料的储存、搬运、安装等环节。确保外墙材料在使用前没有损坏或污染,并按照正确的方法和要求进行安装。

7. 文件记录

做好外墙材料的记录,包括供应商证明文件、样品确认记录、测试报告等。这些记录可以作为后续评估材料质量和解决问题的依据。

（四）施工工艺验收

测试外墙装修后的耐久性和质量，如耐候性、抗腐蚀性等。

1. 耐候性测试

通过模拟不同气候条件下的天气变化，如阳光、雨水、温度变化等，评估外墙装修材料的耐候性能。例如，使用加速老化设备或自然暴露法进行耐候性测试。

2. 抗腐蚀性评估

检查外墙装修材料对腐蚀性环境(如酸碱、盐雾等)的抵抗能力。通过实验室测试或观察现场情况，评估材料的抗腐蚀性能。

3. 强度和稳定性测试

通过实验室测试或现场观察，评估外墙装修材料的强度和稳定性。例如，对外墙砖进行抗压、抗拉等强度测试，检查涂料和涂层的附着力和稳定性。

4. 模拟使用测试

模拟实际使用条件下的物理和化学作用，评估外墙装修材料的耐久性。例如，使用刮擦测试仪对涂料进行刮擦耐久性测试，检查瓷砖表面的抗划伤性能等。

5. 监测和调查

定期监测外墙装修的状态和质量，包括观察颜色变化、涂层剥落、砖体开裂等情况。通过检查报告、记录和实地调查，评估装修质量和耐久性。

6. 文件记录

做好装修耐久性和质量的记录，包括测试报告、监测数据、维护记录等。这些记录可以作为后续评估装修质量和解决问题的依据。

第六章　防水工程的质量监督与验收

第一节　防水材料的质量要求

一、防水材料概述

（一）防水材料的定义

防水材料是一类用于防止水分渗透和漏水的材料。它们在建筑、土木工程和其他领域中广泛应用，以确保结构物、设备或区域的防水性能。防水材料通过提供有效的隔离层或表面涂层来阻止水分渗透，并具有良好的耐久性和性能。

（二）常见的防水材料分类

1.膜型防水材料

膜型防水材料是一种以薄膜形式存在的防水层。常见的膜型防水材料包括聚合物改性沥青膜、聚乙烯薄膜、PVC薄膜等。这些膜型材料具有较高的抗渗透性和耐久性，在土木工程和建筑中被广泛使用。

2.涂料型防水材料

涂料型防水材料是一种以涂覆方式施工的防水材料。常见的涂料型防水材料包括聚合物改性水泥基涂料、聚合物乳液涂料等。这些涂料具有较好的黏结性和耐久性，可以有效阻止水分渗透，并适用于各种建筑表面。

3.膨胀型防水材料

膨胀型防水材料是一种能够在接触到水分后膨胀形成隔离层的材料。常见的膨胀型防水材料包括膨胀土、膨胀石英等。当这些材料遇到水分时，会发生体积变化，并形成一个紧密的隔离层，有效阻止水分进入。

4.注浆型防水材料

注浆型防水材料是一种通过注入特殊材料来修补裂缝和填充空隙以达到防水目的的材料。常见的注浆型防水材料包括聚氨酯注浆材料、环氧树脂注浆材料等。这些材料具有较好的流动性和黏结性，可渗透到裂缝中并形成一个连续的密封层。

5.其他防水材料

除了以上几种常见的防水材料，还存在其他一些特殊类型的防水材料。例如，防水涂料、防水胶带、防水混凝土等。这些材料根据具体的应用需求和工程要求，选择合适的防水材料进行使用。

二、防水材料的主要性能指标

防水材料的性能指标是评估其防水效果和质量的关键因素。

（一）密封性能

1.抗渗透性

衡量防水材料对水分渗透的抵抗能力，通常使用水压试验或湿度试验来评估。

2.封闭性

评估防水材料在裂缝、接缝等位置的封闭效果，要求能够有效阻止水分进入。

（二）伸缩性能

1.伸长率

测量防水材料在拉伸过程中的延展性，要求具有一定的伸长率以适应结构的变形。

2.回复性

评估防水材料在受力后恢复原状的能力，保持良好的密封性和防水效果。

（三）抗渗透性能

1.耐水压力

评估防水材料在承受一定水压下的表现，测试其耐水压力以确保其防水功能。

2.渗透系数

测量防水材料中水分渗透的速率,要求较低的渗透系数以减少水分渗透量。

（四）耐久性能

1.抗紫外线性能

评估防水材料在长期暴露于太阳紫外线下的耐久性和稳定性。

2.抗老化性能

测量防水材料在长时间使用和环境影响下的耐久性和变形程度。

（五）黏结强度

1.黏接强度

评估防水材料与基层之间的黏结效果,确保具有良好的黏结强度。

2.剪切强度

测量防水材料在受到剪切力时的抵抗能力,要求具有足够的剪切强度以防止开裂和脱落。

（六）环境友好性

1.无毒无害

确保防水材料不含有对人体健康有害的物质,符合环保和安全要求。

2.可回收性

评估防水材料的可回收性和可再利用性,减少对环境的负面影响。

三、防水材料的质量要求

（一）材料选择和采购标准

在进行防水工程时,材料的选择和采购是确保施工质量的重要环节。为了选择合适的防水材料,需要参考相关标准和规范。这些标准可以是国家标准、行业标准或者是工程设计规范等。

第一,国家标准提供了对防水材料性能和质量的要求。例如,在我国,有关防水材料的国家标准包括《预铺防水卷材》《聚氯乙烯(PVC) 防水卷材》等。这些标准规定了防水材料的物理性能、化学性能、使用寿命以及施工和验收要求等方面的内容,可作为选择和采购材料的参考依据。

第二,行业标准也对防水材料的质量和性能提出了要求。不同行业可能会有自己的行业标准,例如建筑行业的防水施工标准、地下工程行业的防水材料标准等。这些标准基于实践经验和行业需求,对材料的选择、性能要求、施工工艺等方面进行了详细规定,可用于指导防水材料的选择和采购。

第三,工程设计规范也是选择和采购防水材料时需要参考的重要依据。工程设计规范通常会针对不同类型的工程提供相应的技术要求和建议。例如,地下室防水工程、屋面防水工程等都有相应的设计规范。这些规范会涉及防水材料的种类、性能指标以及施工要求等方面的内容,可以作为选择和采购材料的重要参考。

(二)材料的物理性能要求

防水材料的物理性能是评估防水工程质量的重要指标之一。在选择防水材料时,需要关注其抗压强度、抗拉强度、抗渗性能、耐候性等方面的要求。

第一,抗压强度是衡量材料承受外力压力能力的指标。对于地下室、地下管道等需要承受大压力的防水工程,材料的抗压强度要求较高,以确保材料能够长时间稳定地承受压力而不发生破裂或变形。

第二,抗拉强度是指材料在受到拉伸力作用下的抵抗能力。对于需要承受拉伸力的防水工程,如屋面、墙面防水,材料的抗拉强度要求较高,以确保材料能够在拉伸应力下保持稳定。

第三,抗渗性能是衡量防水材料阻止水分渗透的能力。防水工程的核心目标就是阻止水分的渗透,因此材料的抗渗性能至关重要。材料应具备良好的密封性和防渗透性,能够有效防止水分通过材料渗入结构体内部。

第四,耐候性是指材料在不同环境条件下保持稳定性和耐久性的能力。防水工程往往面临各种气候和环境条件的影响,如高温、低温、紫外线辐射、化学腐蚀等。因此,材料应具备良好的耐候性,能够长期保持其防水性能而不受到环境的损害。

为了验证防水材料是否符合物理性能要求，可以通过实验测试来进行评估。常见的测试方法包括压缩试验、拉伸试验、渗透试验以及人工加速老化试验等。这些测试可以对材料的物理性能进行客观评价，帮助选择合适的防水材料。

（三）材料的环境适应性要求

防水工程是一项重要的工程，不同的防水工程会面临不同的环境条件，因此防水材料需要具备良好的环境适应性。

在高温环境下，防水材料应具备耐高温的特性。高温可能导致材料的变形、膨胀或软化，从而影响防水层的完整性和稳定性。相反，在低温环境下，防水材料应具备耐低温的特性。低温可能导致材料的脆化和收缩，从而降低其弹性和抗拉性能。为了确保防水层在低温环境下的有效性，防水材料需要具备出色的耐寒性能，能够抵御低温引起的材料损坏和开裂。

在潮湿环境下，防水材料应具备良好的抗潮湿性能。潮湿环境可能导致材料吸水、腐蚀或发霉，从而降低防水层的可靠性和耐久性。

此外，防水材料还应能够适应不同的基层情况和施工工艺要求。基层情况的不同可能导致材料与基层的黏结性受到影响，从而影响整个防水系统的效果。因此，防水材料需要具备良好的黏结性，能够与各种基层材料有效粘接，并形成牢固的防水层。同时，防水材料还应具备良好的稳定性，能够在施工过程中保持其形状和性能的稳定性，以确保施工质量和防水效果的可靠性。

（四）生产工艺与质量控制

1. 生产设备与工艺

（1）生产设备

防水材料的生产设备应选用先进、高效、可靠的设备，并符合相关的标准和规范要求。这些设备包括搅拌设备、喷涂设备、挤出机等，以满足不同防水材料的生产需求。

（2）生产工艺

防水材料的生产工艺应科学合理、规范化。在制定生产工艺时，需要考虑原材料的配比、混合方式、温度控制、固化时间等因素，以确保产品的一致性和稳定性。同时,应制定详细的操作规程和工艺流程,并对操作人员进行培训和指导。

2. 质量控制

(1)原材料检测

在生产过程中,需要对所使用的原材料进行严格的检测和评估。这包括对原材料的外观、物理性能、化学成分等方面进行检测,确保原材料符合质量要求,并避免使用劣质或不合格的原材料。

(2)生产过程监控

在生产过程中,需要建立有效的监控措施,实时监测关键工艺参数和生产环境条件。这可以通过自动化控制系统、传感器等设备来实现,以确保生产过程的稳定性和一致性,并及时发现并解决潜在问题。

(3)成品检验

对生产出的防水材料进行全面的成品检验。这包括对产品外观、物理性能、化学性能等方面进行检测,确保产品符合相关的标准和规范要求。同时,应建立相应的记录和档案,跟踪产品的质量状况。

第二节　防水施工的质量监督与验收

一、施工过程中的监督和检查

在防水施工过程中,持续的监督和检查是确保施工质量的重要环节。

(一)施工现场巡视

1. 定期巡视

监督人员应根据施工进度和重要节点,制定巡视计划,定期进行施工现场的巡视。巡视频率可以根据具体情况而定,可以是每日、每周或每月进行一次,以确保全面覆盖施工过程。

2. 观察施工进度

监督人员应仔细观察施工进度,确保施工按计划进行。他们应检查施工进展是否符合预期,是否存在延迟或提前施工等问题。如果发现偏离计划的情况,监督人员应与施工方及时沟通,并协调解决。

3.检查施工质量

监督人员在巡视过程中,应仔细观察施工质量。他们需要检查施工材料的使用情况、施工工艺是否符合要求,以及施工过程中可能出现的缺陷或不合格现象。如果发现施工质量问题,监督人员应立即与施工方进行沟通,并采取相应的纠正措施。

4.关注施工工艺

监督人员还需要关注施工工艺的执行情况。他们应仔细观察施工过程中是否按照设计要求和相关规范进行,特别是一些关键工序和技术要求。如有需要,监督人员可以与施工方进行技术交流和指导,确保施工工艺正确执行。

5.纠正问题和记录

如果在巡视中发现施工不符合要求或存在质量问题,监督人员应立即与施工方沟通,并提出纠正要求。同时,他们需要及时记录巡视过程中的问题和处理结果,以备后续跟踪和评估。

(二)材料性能测试

1.测试项目选择

根据设计要求和施工需要,选择适当的测试项目。例如,对防水涂料可以进行黏结强度测试、耐温性测试、抗潮湿性测试等。其他材料如防水膜、胶黏剂等也应根据其特性选择相应的测试项目。

2.实验室试验

一些材料性能测试可以在实验室中进行。通过采集样品,按照相应的测试方法进行试验。例如,使用拉力试验机进行黏结强度测试,使用恒温箱进行耐温性测试,使用湿度控制设备进行抗潮湿性测试等。在试验过程中,应严格按照标准和规范进行操作,记录试验条件和结果。

3.现场测试

有些材料性能测试需要在施工现场进行。例如,对涂料的耐候性能进行现场暴露测试,或者使用现场设备对防水层的抗压强度进行测试等。现场测试可以更真实地反映材料在实际施工环境下的性能表现。

4.结果评估和比较

根据测试结果,评估材料的性能表现,并与设计要求进行比较。如果测试结果符合设计要求和相关标准,说明材料具备所需的性能指标,可以继续使用。如果测试结果不理想,可能需要重新选择材料或调整施工方案,以确保材料性能满足要求。

5.记录和报告

测试过程中应记录实验条件、方法和结果等关键信息。同时,制作测试报告,详细描述测试过程、数据和结论。这些记录和报告有助于后续的质量验证和审查。

(三)施工工艺监控

1.监控涂料施工

对于涂覆防水涂料的施工工艺,监督人员应密切关注施工过程。他们需要检查涂料的厚度、均匀性和密实度,以确保防水层的一致性和完整性。可以使用测厚仪、目测等方法进行检测,并与设计要求进行比较。

2.监控防水膜铺设

对于防水膜的铺设工艺,监督人员应检查膜材的铺设质量。他们需要关注膜材的平整度、黏结效果和接缝处理等。通过视觉检查和拉力测试等方法,评估防水膜的质量和性能。

3.施工接头处理

在施工过程中,监督人员应关注施工接头的处理。例如,对于涂料防水层的接缝处理,需要确保接缝的密封性和黏结强度。监督人员可以进行目测和拉力测试,以评估接缝处理的质量。

4.施工工艺纪录

在监控施工工艺时,应及时记录关键的施工参数和质量检查结果。例如,记录涂料施工过程中的厚度测量值、防水膜铺设的平整度等数据。这些记录有助于后续的质量验证和问题分析。

5. 及时纠正和沟通

如果在施工工艺监控中发现质量问题或不符合要求的情况,监督人员应立即与施工方进行沟通,并提出纠正要求。必要时,可以调整施工工艺或采取其他措施,以确保施工质量符合要求。

(四)质量记录和报告

1. 施工情况记录

监督人员应及时记录施工现场的情况,包括施工进度、施工质量、施工工艺等。可以使用文字描述、照片、视频等形式进行记录。例如,记录涂料施工过程中的厚度测量值、防水膜铺设的平整度、接缝处理的质量等数据。

2. 问题发现和解决措施记录

如果在施工过程中发现质量问题或其他不符合要求的情况,监督人员应及时记录,并提出相应的解决措施。记录问题的具体描述、发生时间、地点以及采取的纠正措施等信息,以便后续的跟踪和评估。

3. 现场会议记录

监督人员应参加施工现场的会议,并记录会议的内容和讨论结果。会议记录可以包括施工方案的讨论、质量问题的解决方案、工期调整等重要事项。这些记录有助于保持沟通和协调,确保施工的顺利进行。

4. 施工质量报告

监督人员应定期编制施工质量报告,总结施工过程中的质量状况和问题,并提出改进建议。报告可以包括施工进展、质量问题和解决措施、材料使用情况等内容。通过编制质量报告,可以对施工质量进行评估和分析,并及时采取措施改进施工质量。

5. 文档归档和管理

所有的质量记录和报告应妥善归档和管理,以便后续的审查和分析。可以建立电子文档存档系统或纸质档案,对质量记录进行分类和保存,方便后续的查阅和使用。

（五）与施工方的沟通和协调

1.及时反馈问题

监督人员应及时向施工方反馈发现的问题和需求。无论是施工质量问题、工期安排或其他方面的需要，监督人员应直接与施工方进行沟通，并要求采取相应的纠正措施。及时沟通有助于避免问题进一步扩大，并促使施工方及时解决问题。

2.解答疑问和提供支持

监督人员还应解答施工方提出的问题，并提供必要的技术支持和指导。施工方可能会遇到施工方法、材料使用等方面的疑问，监督人员应耐心解答并给予专业意见。通过积极的沟通和支持，可以帮助施工方更好地理解施工要求，提高施工质量。

3.协调解决问题

在施工过程中，可能会出现不同意见和冲突。监督人员应积极协调解决问题，找到双方的共识。通过开展对话和讨论，可以促使双方理解对方的立场，并达成合理的解决方案。在协调过程中，监督人员应保持中立和公正，维护施工质量和利益。

4.定期会议和沟通

为了更好地沟通和协调，监督人员与施工方可以定期召开会议或进行现场交流。会议可以用于审查施工进展、讨论遇到的问题、解决方案等。定期的沟通有助于提高双方之间的理解和合作，确保施工按照要求进行。

三、施工后的验收和评估

防水施工完成后，进行验收和评估工作是确保防水工程质量的重要环节。

（一）验收标准和规范

在进行防水工程的验收时，应参考相关的标准、规范和设计要求。这些标准和规范通常由行业组织、政府部门或专业机构制定，用于指导和评估施工质量、材料性能和施工工艺等方面的要求。

1. 国家标准

根据国家的建筑、防水等领域的相关标准，如《地下防水工程质量验收规范》《预铺防水卷材》等。

2. 行业标准

由行业组织或协会制定的标准，如《防水工程验收规范》《屋面防水工程技术规范》等。

3. 设计文件要求

根据防水工程的设计文件中所提供的要求，包括设计图纸、施工图纸、技术规范等。

验收人员需要熟悉这些标准和规范，并在验收过程中进行检查和评估，以确定施工是否符合要求。他们应对施工质量、材料性能、施工工艺等方面进行全面的检查，并与相应标准和规范进行比对和评估。

（二）施工质量验收

防水层厚度和均匀性：检查防水层的厚度是否符合设计要求，并确保其均匀性。可以使用测厚仪或目测方法进行检查，以验证防水层的厚度和均匀性。

1. 黏结强度

检查防水材料与基层的黏结强度。可以进行拉伸试验或采用其他适当的方法，评估防水材料与基层之间的黏结情况。

2. 施工接头处理

检查施工接头的处理是否符合要求。特别关注接头的密封性和黏结强度，确保接头处的防水效果。

3. 边角封闭

检查边角部位的封闭情况，如墙角、管道穿越等。确保边角部位的防水材料完整且紧密，防止水分渗漏。

4. 漏水测试

根据需要，进行相应的漏水测试，以验证防水层的可靠性。例如，通过水压试验或其他合适的方法，检查防水层是否具有良好的防水效果。

（三）材料性能评估

1. 实验室测试

实验室测试是一种通过在受控环境中对材料进行各种物理、化学或机械性能测试的方法。例如，在防水涂料的情况下，可以进行抗渗性能测试，以评估其抵抗水分渗透的能力。耐久性测试可以模拟材料在长期使用和暴露于不同环境条件下的表现。抗老化能力测试可以评估材料在日晒、氧化或其他外部因素作用下的稳定性。这些实验室测试可以提供对材料性能的定量数据。

2. 现场测试

除了实验室测试，还可以进行现场测试来评估材料性能。这些测试可以在实际施工现场进行，以模拟真实的使用条件。例如，在建筑防水工程中，可以在施工完成后进行水压试验，检查防水层是否有效。这种测试可以直接评估材料在实际使用情况下的性能，并发现潜在的问题。

3. 历史数据和经验

评估材料性能时，还可以考虑历史数据和经验。通过收集和分析过去使用的材料的表现数据，可以了解它们的可靠性和适用性。此外，借鉴专业人员的经验和意见也是评估材料性能的有价值方法。

（四）工程质量评估

1. 使用寿命评估

使用寿命评估是通过对防水工程的设计、材料选择、施工过程和环境条件等因素进行综合分析，来预测其未来的使用寿命。这需要考虑到材料的性能稳定性、耐久性以及环境因素的影响。通过使用可靠的模型和经验数据，可以对防水工程的使用寿命进行评估，并确定其是否满足项目要求。

2. 性能稳定性评估

性能稳定性评估是通过监测和评估防水工程在长期使用过程中的性能变化情况，来判断其质量水平和可靠性。这可以通过定期进行检查、测试或监测来实现。例如，可以检查防水涂层的附着力、表面状况、裂缝情况等，以评估其性能是否稳定。

3. 抗老化能力评估

抗老化能力评估是评估防水工程在暴露于不同环境条件下的抵抗能力。这可以通过实验室测试、现场监测或历史数据分析来完成。例如，可以通过模拟日晒、氧化或其他外部因素的试验来评估材料的抗老化性能。此外，还可以通过观察已经存在一段时间的类似防水工程的表现情况，来推测其抗老化能力。

（五）缺陷修复和整改

1. 沟通与要求

在发现施工缺陷或不符合要求的地方时，及时与施工方进行沟通，并明确要求进行修复和整改。确保清晰地传达问题的具体描述和要求的修复标准。

2. 根据设计要求和相关标准进行修复和整改

修复和整改措施应根据原始设计要求和适用的相关标准进行。这可能包括重新施工、替换材料、调整施工方法等。确保修复和整改的过程符合正确的工艺流程和标准要求。

3. 验收人员确认和验证

修复和整改完成后，验收人员应对修复结果进行确认和验证。他们应检查修复的质量，确保其符合设计要求和相关标准。这可以包括视觉检查、实验室测试、现场测试等。只有在验收人员确认修复和整改满足要求后，才能进入下一步。

4. 文件记录和跟踪

所有的缺陷修复和整改措施都应进行详细的文件记录和跟踪。这可以包括记录修复过程中使用的材料、工艺、验收人员的确认意见等。这些文件记录可以作为以后维护和管理的参考，确保防水工程的质量和可靠性。

（六）验收报告和记录

1. 详细描述验收过程

在验收报告中，应详细描述验收的时间、地点、参与人员等基本信息。同时，还应描述验收过程中所进行的检查、测试和评估方法，以及相关结果和发现。

2. 记录问题和解决措施

在验收报告中,应清晰记录发现的问题和缺陷,并详细描述采取的修复和整改措施。这包括修复过程中使用的材料、工艺和方法等。对于无法立即解决的问题,也应明确提出后续处理计划。

3. 提供质量证明和依据

验收报告和记录是为相关方提供防水工程质量的证明和依据。因此,在报告中应包含充分的数据和资料支持,如实验室测试结果、现场测试记录、修复过程的照片等。这样可以增加报告的可信度和权威性。

4. 归档和备份

完成验收报告后,应将其归档并进行备份。这有助于后续的工程管理和维护工作。同时,还应确保报告的可访问性,以便需要时能够方便地检索和查阅。

第七章　电气工程的质量监督与验收

第一节　电气设备的安装质量监督与验收

一、电气设备安装质量监督

（一）监督的目的和意义

电气设备安装质量监督的目的在于确保电气设备按照规范进行安装，并达到预期的使用效果。

1. 预防事故

通过监督电气设备的安装过程，可以及时发现并纠正潜在的安全隐患，避免因质量问题导致的事故发生。监督能够关注电气设备的接线、接地、绝缘等关键环节，确保设备安全可靠运行，减少事故风险。

2. 提高效率

监督能够加强施工队伍的管理，提高施工效率，保证项目按时完成。监督应关注施工进度和质量控制，及时解决施工中的问题，协调各方资源，提高施工效率，避免工期延误。

3. 降低成本

通过监督及时发现问题，可以减少后期修复和维护的成本。监督应关注材料选择和施工质量，确保设备长期可靠运行，减少维修和更换成本，节约资源。

4. 保证质量

监督能够确保电气设备安装过程中的各项工作符合标准和规范，达到预期的使用效果。监督应关注施工质量控制、施工图纸审核和质量检测，确保设备符合技术规范和质量要求,提高设备的可靠性和性能。

5. 保障安全

通过监督电气设备的安装质量,可以有效保障人员和财产的安全。监督应关注施工现场的安全防护措施,确保施工过程中遵守相关安全规定,减少潜在的安全风险,保护工作人员的生命和健康。

（二）监督的内容

1. 设备选择与采购监督

监督设备的选择与采购过程,确保设备符合项目需求和相关标准。监督的内容包括评估设备供应商的信誉和能力、验证设备的型号、规格和性能参数是否符合要求、确认设备的质量保证和售后服务等。此外,还需要核实设备的防伪标识和认证证书,以确保所选设备的真实性和合规性。

2. 施工图纸审核监督

监督施工图纸的审核过程,确保施工图纸与设计要求一致、完整准确。监督的内容包括检查施工图纸的标注是否清晰、尺寸是否正确、材料规格是否符合要求,以及确认各种安全措施和特殊施工要求是否在图纸中有明确说明。此外,还需要核对施工图纸的版本控制,确保使用的是最新版本。

3. 施工过程监督

监督施工过程中各项工作是否按照相关规范进行,包括电缆敷设、接线、接地等。监督的内容包括检查电缆敷设的线路走向、固定和保护措施是否符合要求,检查接线是否正确、牢固可靠,检查接地系统的设计和施工是否满足安全要求。此外,还需要关注施工过程中的安全文明施工、材料管理、质量记录等方面。

4. 安全防护监督

监督施工现场的安全防护措施是否到位,以确保施工过程中的人员和设备安全。监督的内容包括检查现场的安全警示标识、安全通道、防护栏杆等设施是否设置正确,核实使用的个人防护装备是否符合规范要求,评估现场作业人员的安全操作意识和技能,确保施工过程中的安全风险得到有效控制。

5.质量检测与验收监督

监督质量检测和最终验收过程,确保设备符合技术规范和质量要求。监督的内容包括验证质量检测方法和设备的准确性、跟踪检测数据的真实性和准确性、确认检测结果是否符合规范要求。在最终验收阶段,监督的内容包括检查设备的完整性和外观质量、测试设备的功能性能和安全指标,核实验收文件和报告的合规性和准确性。

(三)监督的方式和方法

1.定期巡查

定期巡查是指派遣专业人员定期对施工现场进行检查和观察,以及及时处理发现的问题。这种巡查主要关注施工进度、施工质量和安全环境,并建立巡查记录和整改措施,以确保施工按计划进行。

在进行定期巡查时,可以采用多种方式来获取必要的信息。首先,可以通过现场实地观察来了解施工进展情况,包括工人的作业状态、材料的使用情况等。其次,可以检查施工材料的质量和合格证书等相关文件,以确保所使用的材料符合标准。此外,还可以测量设备参数,如测量设备的温度、压力、电流等,以确保设备正常运行。

巡查周期应该根据具体的项目要求和施工进度来确定。通常情况下,巡查可以每日、每周或每月进行。如果项目进展较快或存在重大安全风险,可能需要更频繁地进行巡查。而对于一些小规模项目或进展较慢的项目,巡查周期可以适当延长。

通过定期巡查,可以及时发现施工现场存在的问题,并采取相应的整改措施。这有助于提高施工质量、保证工期进展,并确保施工过程中的安全。同时,巡查记录也可以作为项目管理的重要依据,为后续的工作提供参考和经验总结。因此,在施工过程中,定期巡查是非常重要的一项工作。

2.抽查核验

抽查核验是指在施工现场随机选取一部分进行检查和验证,以确保施工质量符合要求。这种核验主要关注施工图纸的实施情况、材料的使用和质量控制等方面,并及时整改发现的问题。

在进行抽查核验时,需要对施工图纸的实施情况进行检查。这包括确认施工过程中是否按照设计图纸进行施工,施工工序是否符合要求,以及施工中是否存在偏离图纸的情况。

同时,还需要核验所使用的材料的使用情况和质量控制。这包括检查材料的来源和供应商,确保材料符合相关标准和规范,以及检查材料的存储和使用是否符合要求。

发现问题后,需要及时进行整改。整改措施可以根据具体问题而定,可能涉及更换不合格材料、调整施工工艺或修正施工图纸等。整改工作应及时跟进,并记录整改过程和结果。

抽查核验的频率可以根据项目的规模和风险等因素来确定。通常情况下,抽查核验可以每周或每月进行。对于大型项目或存在较高风险的施工,可能需要增加抽查核验的频率。

3.检测监测

利用专业的检测设备对电气设备进行监测是一种重要的手段,用于评估其性能和安全指标。这种监测主要关注设备的绝缘电阻、接地电阻、漏电流等参数,并及时发现异常情况并采取相应的措施。

在进行电气设备监测时,可以使用各种专业的检测设备,如绝缘电阻测试仪、接地电阻测试仪、漏电流检测仪等。这些设备能够准确测量电气设备的各项参数,并通过结果分析来评估设备的性能和安全指标。

监测过程中,需要重点关注设备的绝缘电阻。绝缘电阻是指设备绝缘材料对电流的阻抗程度,是判断设备是否存在漏电风险的重要指标。同时,也需要监测设备的接地电阻,以确保设备接地良好,避免因接地不良引起的电气故障和触电风险。此外,还需监测设备的漏电流,即设备中可能存在的非正常电流泄露情况,及时发现并排除潜在的安全隐患。

一旦监测结果发现设备存在异常情况,应立即采取相应的措施。这可能包括修复或更换设备中的损坏部件,进行绝缘处理以提高绝缘电阻,检查和改善接地装置等。此外,还需要记录监测结果和采取的措施,以便追踪设备的运行状态和安全状况。

4.数据分析

通过对施工数据进行分析，可以发现异常情况并采取相应的措施，从而提高施工质量和效率。数据分析应关注施工过程中的关键参数和指标，并建立预警机制和问题解决方案。

在进行数据分析时，可以使用专业软件如电气CAD、数据分析软件等。这些软件具备强大的功能，能够对施工数据进行处理和分析，提供可视化的结果和报告。

数据分析应重点关注施工过程中的关键参数和指标，例如施工进度、材料消耗、人员工时等。通过统计分析这些数据，可以得到施工过程中的平均值、变化范围、趋势等信息，以便及时发现异常情况。

同时，可以通过趋势分析来观察施工数据的演变趋势，比较不同时间段之间的差异，以及与预期目标的偏离情况。这有助于判断施工过程中是否存在潜在问题，并及时采取相应的措施进行调整。

另外，还可以使用异常检测方法来识别施工数据中的异常情况。通过设定阈值或使用算法来检测异常数据点，以便快速发现可能存在的问题。

通过数据分析，可以建立预警机制和问题解决方案。当施工数据超出设定的阈值或发现异常情况时，可以触发预警，并采取相应的措施进行问题解决。这有助于及时纠正问题，避免进一步影响施工质量和进度。

二、电气设备安装质量验收

（一）验收的目的和意义

电气设备安装质量验收的目的在于确认电气设备的安装质量是否达到规范要求，是否满足使用要求。

1.确保安全

通过验收，能够确保电气设备安装质量符合相关标准和规范，从而保证使用过程中的安全。电气设备的安装质量不合格可能存在电路短路、漏电等安全隐患，通过验收可以及时发现并解决这些问题,保障人员和设备的安全。

2.保证质量

验收能够验证电气设备的性能和功能是否正常,保证质量达标。在安装过程中,可能存在错误连接、松动接触等问题,通过验收可以检查设备的工作状态、参数设置和功能运行是否正常,确保设备的可靠性和稳定性。

3.合理投资

验收能够对施工质量进行评估,帮助业主判断施工成果是否符合预期,从而避免不必要的经济损失。通过验收,业主可以了解设备的实际情况,对施工质量进行评估,确保所投资的电气设备符合预期效果,避免因施工质量不达标而造成的重复投资和维修费用。

4.法律合规

验收也是一种法律要求,根据相关法律法规和标准规范,对电气设备的安装进行验收是合规的要求。通过验收,可以确保符合法律法规的要求,避免违反规定而带来的法律风险。

(二)验收的内容

1.设备完整性

验证设备的型号、规格、数量等是否与合同要求一致。检查设备的外观是否完好无损,确认设备的配件和附件是否齐全,并核对设备清单与实际情况是否一致。

2.安装质量

检查设备的安装位置、固定方式、接线情况等是否符合规范要求。确认设备的安装位置是否合理,设备固定是否稳固可靠,设备的接线是否正确、牢固。

3.功能性能

测试设备的运行状态、功能是否正常,如开关的通断、电压的稳定性等。通过操作设备,检测其各项功能是否正常运行,例如开关是否灵活可靠,电压是否稳定在设定范围内。

4.安全可靠性

评估设备的绝缘电阻、接地电阻等安全指标是否达到规范要求。使用专业仪器对设备的绝缘电阻进行测量,确保绝缘性能良好;同时检测设备的接地电阻,确保设备能够有效接地,提高安全性能。

5.文件资料

验收施工单位提供的文件资料,包括施工图纸、验收报告、操作手册等。检查施工单位提供的相关文件资料是否完整、准确,并核对施工过程中的记录和报告是否符合要求。

(三)验收的程序和方法

电气设备安装质量验收的程序和方法应按照相关标准和规范进行,常用的步骤和方法包括以下几种。

1.提前准备

(1)收集相关文件资料

除了合同、施工图纸、验收标准和规范之外,还可以收集其他相关的文件资料,如设备的技术参数、操作手册等。这些文件资料对于了解设备的特性、功能以及使用要求都非常有帮助。

(2)核对合同要求

仔细核对合同中对于电气设备安装质量验收的具体要求。确保自己对于验收的流程、方法、标准等有清晰的理解,并与合同要求相符。

(3)准备检测设备和测试工具

根据验收的要求,准备好所需的检测设备和测试工具。这包括但不限于万用表、电压表、电流表、接地电阻测试仪、绝缘电阻测试仪等。确保这些设备和工具能够满足验收过程中的检测需求,并且处于正常工作状态。

(4)组织验收人员

根据需要,组织好适当的验收人员团队。验收人员应该具备相关的专业知识和经验,能够准确判断设备的安装质量和性能表现。

(5)确定验收计划

根据项目进度和工作安排,制定详细的验收计划。明确验收的时间、地点、顺序等,以确保验收过程的有序进行。

(6)沟通和协调

在准备阶段,与施工单位和相关人员进行充分的沟通和协调。明确双方的责任和任务,确保大家对于验收的要求和流程有一致的理解。

2.检查验收

在进行电气设备安装质量验收时,对设备进行全面的检查和验收是非常重要的。

(1)外观检查

对电气设备的外观进行仔细检查,确认设备是否完整、无损坏,并核对设备的型号、规格、数量等是否与合同要求一致。检查设备的外壳、连接线路、标识等,确保没有明显的缺陷或不合格情况。

(2)功能测试

进行设备的功能测试,通过操作设备进行开关通断、调节参数等动作,验证设备的功能是否正常。例如,对开关设备进行开合测试,对调节设备进行参数调整,以确保设备的功能性能符合要求。

(3)安全指标测试

进行设备的安全指标测试,如绝缘电阻、接地电阻等。使用专业的测试仪器对设备的绝缘电阻进行测量,评估设备的绝缘性能是否符合标准要求。同时,对设备的接地电阻进行测试,确保设备能够有效接地,提高安全可靠性。

(4)参数设置和调试

对于需要进行参数设置和调试的设备,根据设备的要求和说明书进行相应的操作。例如,对于可编程控制器(PLC)或变频器等设备,根据要求进行参数设置和逻辑调试,确保设备能够正常运行和响应。

(5)性能评估

通过测试和观察,对设备的性能进行评估。检查设备在运行过程中是否出现异常情况,如噪声、震动、温升等。同时,对设备的工作稳定性、输出准确性等进行评估,确保设备的性能符合要求。

(6)记录结果

对每个设备进行详细的验收记录,包括设备的名称、型号、验收日期、验收人员等基本信息,以及验收结果和存在问题的描述。记录可以包括文字描述、照片、测试数据等,确保验收结果有明确的依据和证据。

3.记录结果

在进行电气设备安装质量验收时,对每个设备的验收结果进行详细记录是非常重要的。

(1)基本信息记录

对每个设备记录基本信息,包括设备的名称、型号、规格、生产厂家等。同时,记录验收日期和验收人员的姓名,以便日后查询和追溯。

(2)验收结果记录

对每个设备的验收结果进行明确的记录。标明设备的验收状态,如合格、不合格或待整改等。如果设备不合格,还需要记录不合格原因,如安装错误、功能故障等。

(3)检查项记录

对每个设备的检查项进行逐项记录。根据验收标准和规范,列出相应的检查项,如外观检查、接线情况、功能测试、安全指标测试等。对于每一项检查,记录是否符合要求,如正常、异常或不满足要求等。

(4)测试结果记录

针对需要进行测试的项目,记录测试结果和相关数据。例如,在进行安全指标测试时,记录测得的绝缘电阻值、接地电阻值等,确保记录的准确性和完整性。

(5)问题描述记录

对于发现的问题或不合格项,进行详细的问题描述。包括问题的具体情况、出现的位置、影响范围等。此外,还可以记录一些备注或补充说明,以便于进一步整改和解决。

(6)照片和附件记录

为了更加清晰地展示验收结果,可以拍摄照片并进行记录。例如,拍摄设备的外观、接线情况、测试仪器显示屏等照片。同时，也可以将相关的文件资料、报告等作为附件进行记录。

4. 缺陷整改

在电气设备安装质量验收中，对于不合格的设备或存在问题的情况，及时进行缺陷整改是必要的。

(1)明确整改要求

针对不合格项或存在的问题，明确整改要求和期限。具体描述需要进行哪些方面的整改工作，并明确整改的时间要求，以便施工单位能够清晰了解整改的具体任务和目标。

(2)沟通协商

与施工单位进行充分的沟通和协商，确保双方对于整改要求和期限有共识。解释不合格项的原因和影响，并就整改措施和时间进行协商，以便达成一致意见。

(3)整改计划制定

施工单位应根据整改要求制定相应的整改计划。计划包括整改的具体步骤、责任人、时间安排等。确保整改工作有条不紊地进行，并能够按时完成。

(4)整改过程监督

监督整改过程的执行，确保整改按照计划进行。跟踪整改进度，与施工单位保持沟通，了解整改的进展情况。如有需要，可以进行现场巡查和抽查，确保整改工作的质量和效果。

(5)重新检查和测试

在整改完成后，对相应的设备进行重新的检查和测试。重点关注之前不合格的项，确保问题得到彻底解决。通过再次的验收和测试，确认整改结果符合要求，并记录相关的验收结果。

(6)整改报告

施工单位应编写整改报告，详细描述整改过程和结果。报告包括整改的具体内容、步骤、时间、责任人等，以及整改后的设备状态和测试结果。整改报告可作为整个安装质量验收过程的重要文档，用于记录整改的过程和结果。

5. 验收报告

在进行电气设备安装质量验收后,编写一份详细的验收报告是必要的。

(1)验收基本信息

在报告中包括验收的基本信息,如验收日期、验收地点、验收人员等。这些信息可以提供对验收过程的背景和上下文。

(2)设备验收结果

报告应明确记录每个设备的验收结果。指明设备的验收状态,如合格、不合格或待整改等。同时,列出每个设备的基本信息,如设备名称、型号、规格等,以便于识别和追溯。

(3)存在问题描述

对于不合格项或存在的问题,对其进行详细的描述,包括问题的具体情况、出现的位置、影响范围等。准确的问题描述,可以帮助施工单位更好地理解问题的性质和紧急程度。

(4)整改要求

明确对存在问题的整改要求。对每个问题,指明需要采取的具体整改措施,并设定整改的时间期限,确保整改要求明确、具体,并与施工单位进行沟通确认。

(5)建议和改进

在报告中,可以提出一些建议和改进建议,以促进设备安装质量的提升。根据验收过程中发现的问题和经验,对施工流程、操作规范等方面提出建议,并提供改进的思路。

(6)附件和照片

报告中可以附上相关的附件和照片,以支持验收结果和问题描述。例如,附上测试数据、照片记录设备状态、文件资料等。这些附件和照片可以提供更直观的证据和参考。

第二节　电气线路的敷设质量监督与验收

一、电气线路的敷设质量监督与验收

1.确保电气系统的安全性

电气线路的敷设质量直接关系到电气系统的安全性。通过监督与验收，可以及时发现和纠正线路敷设中存在的问题，如接触不良、绝缘破损等，从而消除潜在的安全隐患，保障电气系统的安全运行。

2.提高电气系统的可靠性

合格的电气线路敷设能够减少因施工不规范或材料质量差导致的线路故障和损坏，从而提高电气系统的可靠性和稳定性。通过监督与验收，可以确保线路连接紧密、接触良好，减少故障发生的可能性，提升系统的可靠性。

3.延长设备的使用寿命

优质的电气线路敷设能够有效降低线路老化、损坏和磨损等问题，延长电气设备的使用寿命。通过监督与验收，可以确保线路的绝缘性能、接触质量等达到标准要求，减少线路故障对设备的损害，延长设备的使用寿命。

4.提高电能利用效率

优秀的电气线路敷设可以减少线路的功耗和能量损耗，提高电能利用效率。通过监督与验收，可以确保线路的电阻、电容等参数符合要求，减少电能的浪费和能量的损失，提高电能利用效率。

5.降低维护成本

合格的电气线路敷设能够降低线路维护和修复的成本。通过监督与验收，可以避免由于线路敷设质量问题引起的频繁维修和更换，减少维护成本和停机时间，提高设备的可用性和工作效率。

二、电气线路的敷设质量监督与验收内容

（一）材料选择和质量检查

在电气线路敷设前,材料选择和质量检查是确保线路质量的重要步骤。

1.电缆选择

在进行电缆选择时,需要综合考虑多个因素。首先,额定电压是非常重要的。根据电力系统的需求和设计要求,选择具有适当额定电压的电缆至关重要。这样可以确保电缆能够承受系统所需的电压水平,并具备足够的绝缘能力,以防止电线短路或漏电等问题。

其次,额定电流也是一个关键因素。根据电气负荷计算和系统安全要求,选择能够承载预期电流的电缆非常重要。过载和过热问题可能导致电缆损坏甚至火灾等严重后果,因此选择合适的电缆来满足电流需求非常关键。

此外,敷设环境也需要考虑。电缆敷设的环境条件包括室内、室外、埋地等不同情况。不同的环境对电缆的要求也不同,因此需要选择适应相应环境的电缆类型和特性。例如,在室外敷设时,电缆需要具备良好的耐候性和抗UV能力;而在埋地敷设时,电缆需要具备良好的耐腐蚀性能和机械强度。

最后,阻燃性能也是需要考虑的因素之一。对于一些特殊场所或安全要求较高的区域,如建筑物内部、高温区域等,选择具有良好阻燃性能的电缆非常重要。这可以减少火灾风险,并提供更高的安全性保障。

2.配件选择

在进行配件选择时,除了考虑电缆本身的特性外,还需要综合考虑其他因素。以下是一些需要考虑的方面:

(1)电缆终端和接头

根据电缆的规格和要求,选择与之匹配的终端和接头非常重要。终端和接头的型号、尺寸和材质应与电缆相适应,并满足相关标准和规范。正确选择电缆终端和接头可以确保良好的电气连接和防护性能,同时也能减少电缆故障的发生。

(2)电缆桥架和支架

对于需要敷设的长距离电缆或需要进行跨越的区域,选择合适的电缆桥架和

支架至关重要。电缆桥架和支架提供稳定的支撑和保护,可以避免电缆受到外力损坏或被压弯。此外,它们还能帮助进行电缆的整齐布线和组织管理,提高线路的可靠性和维护性。

(3)导线夹具和固定件

选择适当的导线夹具和固定件用于固定电缆和导线非常重要。导线夹具和固定件应能够牢固地固定电缆,确保其位置稳定,并具备良好的耐久性。此外,它们还需要符合相关标准和规范,以确保安全可靠的固定效果。

(4)防护套管和护套

根据线路所处的环境条件和特殊需求,选择适当的防护套管和护套非常重要。防护套管可以提供额外的机械保护和绝缘保护,防止电缆受到损坏或外界因素的干扰。护套则可以提供额外的防水、耐腐蚀和阻燃等特性,提高线路的可靠性和安全性。

(5)接地装置

在电气系统中,正确的接地是非常重要的。选择适当的接地装置可以确保系统的安全运行和人身安全。接地装置应符合相关标准和规范,能够有效地将电流引导到地下,减少电气故障和触电风险。

3. 质量检查

对所选的电缆和配件进行质量检查是确保线路质量和安全性的重要环节。以下是一些常见的质量检查步骤。

(1)外观检查

检查电缆外观是否完好无损,没有明显的划痕、剥落或变形。任何外观缺陷都可能影响电缆的绝缘性能和机械强度。检查配件的表面质量和制造工艺是否符合要求。确保没有裂纹、毛刺或其他表面不良现象。

(2)尺寸和规格检查

检查电缆和配件的尺寸和规格是否与设计要求相符,包括导体截面积、绝缘层厚度、金属护套的直径等。使用合适的测量工具进行测量,确保尺寸和规格的准确性。

(3)绝缘层检查

使用绝缘测试仪器对电缆的绝缘层进行测量和检查。确保绝缘层均匀、无破损和漏电现象。进行绝缘电阻测试，以验证绝缘层的绝缘性能是否符合要求。

(4)金属护套检查

检查电缆金属护套的完整性和连接情况。确保护套对电缆的机械保护有效。检查金属护套与接地装置之间的连接是否良好，以确保电缆的接地效果。

(5)标识检查

检查电缆和配件上的标识是否清晰可见，并与相应的证书和文件相匹配。包括电缆型号、规格、额定电压等信息。检查配件上的标识和序列号，确保与产品的质量证明文件相符。

（二）敷设过程的监督

1.敷设方式

监督电缆的敷设方式，包括敷设的路径、高度、间距等。确保电缆按照规定的路径布置，并与其他设备或结构物保持适当的距离。避免电缆受到机械损伤或电磁干扰。

在监督电缆的敷设方式时，应确保电缆布置的路径符合相关的设计要求和标准。例如，在建筑物内部敷设电缆时，应考虑到建筑结构、消防安全等因素，避免电缆与其他管线或设备发生冲突或相互干扰。此外，还需要注意电缆的敷设高度和间距，以保证电缆的安全性和可靠性。

2.弯曲半径

监督电缆弯曲半径的控制，确保不超过规定的最小弯曲半径。过小的弯曲半径可能导致电缆绝缘破裂或导体断裂，从而影响电缆的性能和寿命。

弯曲半径是指电缆在敷设或安装过程中所允许的最小曲率半径。不同类型的电缆具有不同的最小弯曲半径要求，监督人员应确保在敷设过程中不超过这些要求。通过控制弯曲半径，可以避免电缆内部材料的损坏，防止绝缘层破裂和导体断裂，从而保证电缆的正常运行。

3.保护措施

监督电缆的保护措施,包括使用适当的保护套管、管道或槽道。确保电缆得到足够的机械和环境保护,防止损坏和腐蚀。

在电缆敷设过程中,应采取适当的保护措施来保护电缆免受机械损伤、腐蚀和其他外部环境因素的影响。这包括使用合适的保护套管、管道或槽道,以及选择耐腐蚀和耐高温等特性的材料。监督人员应确保这些保护措施的正确安装和使用,以提供足够的保护,延长电缆的使用寿命。

(三)接地和接头的处理

接地系统的可靠性和接头的质量对于电气线路的安全运行至关重要。

1.接地系统

监督接地系统的设计和安装,确保其满足相关标准和规范的要求。合理布置接地电极,确保接地系统的可靠性和稳定性。定期检查接地系统的接地电阻,以确保其处于正常工作状态。

(1)设计要求

了解相关标准和规范对接地系统的要求,并根据具体场所和需求进行设计。例如,建筑物的接地系统需要符合国家或地区的建筑电气设计规范。

(2)接地电极

选择合适的接地电极类型和布置方式。常见的接地电极包括金属杆、埋地电缆和水平接地网等。根据土壤电阻率、场地条件和接地系统的负荷要求等因素,确定接地电极的数量和布置位置。

(3)材料选择

选择优质的接地材料,如铜、镀锌钢或不锈钢等,以确保接地系统的导电性能和耐久性。同时,还应注意材料的腐蚀抗性和机械强度,以适应各种环境条件。

(4)安装施工

监督接地系统的安装施工过程,确保按照设计要求进行,并采取适当的施工措施,如埋设深度、连接可靠性和保护措施等。此外,还要确保接地系统与其他设备和结构物的良好连接。

(5)接地电阻测试

定期检查接地系统的接地电阻,以确保其处于正常工作状态。使用专业的接地电阻测试仪器进行测试,并记录测试结果。如发现接地电阻超过规定范围,需要及时采取修复措施。

(6)维护和检修

定期进行接地系统的维护和检修,包括清理接地电极周围的土壤、检查连接部位的紧固情况和腐蚀状况等。如发现问题,及时进行修复或更换。

在监督接地系统时,需要注意确保接地电极的数量、尺寸和材料符合设计要求和规范要求;检查接地电极与周围土壤的接触质量,确保接地电阻满足要求;监督接地系统与其他设备或结构物的连接,确保良好的接触和导电性能。

2.接头处理

监督电缆接头的制作和安装,确保接头的质量和可靠性。采用正确的接头连接方式,并进行必要的绝缘和密封处理。避免接头产生电弧、短路或漏电等问题。

(1)接头选择

根据电缆类型、规格和使用环境等因素选择适合的接头。确保接头能够与电缆完全匹配,并符合相关标准和规范。选择具有良好质量和信誉的供应商提供的接头。

(2)准备工作

在制作接头之前,首先需要将电缆绝缘层表面清洁干净,以去除污垢、油脂或其他杂质。可以使用适当的溶剂或清洁剂进行清洗。然后,根据接头的要求,剥离电缆绝缘层外部的一定长度,以露出导体。最后,检查电缆导体是否完好无损,并确保导体连接紧固可靠。

(3)接头制作

按照接头制造商提供的指导或相关标准要求,正确制作接头。注意参考接头制造商提供的说明书和图纸,确保按照正确的步骤进行制作。

首先,确保导体插入接头体内,并确保导体与接头之间的连接良好。根据接头类型,可能需要使用压接、焊接或螺母紧固等方式进行连接。然后,根据接头的设计要求,使用适当的工具和力度紧固接头螺母或其他连接件,确保连接牢固可靠。

（4）绝缘处理

第一，根据接头的要求，在连接处使用绝缘套管或绝缘胶带进行绝缘处理。确保绝缘材料覆盖整个接头连接区域，有效防止电弧、短路或漏电等问题。

第二，选择符合标准要求的绝缘材料，并确保其质量可靠。绝缘材料应具备良好的耐热、耐电压和耐老化性能。

（5）密封处理

在确保接头质量和可靠性的同时，使用防水胶带或绝缘胶进行密封处理。确保接头的连接处不受湿气、灰尘或其他外界物质的侵入。选择符合标准要求的密封材料，并确保其具备良好的密封性能和耐久性。

（6）安装过程

采用正确的接头连接方式，根据电缆类型和接头类型，采用正确的接头连接方式。例如，压接、焊接、螺母紧固等。确保连接方式与接头的设计要求相符。同时，要注意连接的可靠性。在安装过程中，确保接头与电缆连接牢固，并避免产生松动或不良接触。检查连接部位的紧固情况，确保连接可靠。

（7）测试和验证

第一，进行必要的测试和验证。在接头制作和安装完成后，进行必要的测试和验证。例如，使用绝缘电阻测试仪器检测接头的绝缘性能，以确保其符合要求。

第二，记录测试结果和验证报告。记录测试结果和验证报告，作为后续检修、维护和故障排除的参考。

在监督接头处理时，需要注意确保接头连接的电缆端子清洁、无氧化物和腐蚀，并使用适当的连接方式，如压接或焊接；检查接头的绝缘材料和绝缘层是否完好，并进行必要的修复和更换；监督接头的密封性能，确保其能够有效防止水、湿气或灰尘进入接头。

（四）电气连通测试

对敷设完成的电气线路进行连通测试是验证其连接和导通情况的关键步骤。

1. 连通测试仪器

使用适当的连通测试仪器，如万用表、电压表或电流表。根据设计要求和规范，对线路进行电阻、电压或电流测试。

(1)万用表

万用表是一种多功能测试仪器，可用于测量电阻、电压和电流等参数。通过设置不同的测量范围和选择合适的探头，可以进行各种类型的连通测试。

连通测试方法：

将万用表的两个探头分别连接到待测试线路的两个端点上，根据需要选择电阻、电压或电流测量模式，读取相应的数值。如果数值显示为0欧姆(或接近于0)，则表示线路处于连通状态。

(2)电压表

电压表专门用于测量电压。它可以测量直流电压(DC)或交流电压(AC)，根据设计要求选择合适的电压量程。

连通测试方法：

将电压表的正负极分别连接到待测试线路的两个端点上，读取相应的电压数值。如果数值显示正常的电压值，则表示线路处于连通状态。

(5)电流表

电流表用于测量电流的强度。它可以测量直流电流(DC)或交流电流(AC)，根据设计要求选择合适的电流量程。

连通测试方法：

将电流表串联在待测试线路上，确保电流经过电流表。读取相应的电流数值。如果数值显示正常的电流强度，则表示线路处于连通状态。

在进行连通测试时，需要注意选择合适的测试仪器和测量范围，以确保测试结果的准确性；在进行测试之前，确保测试仪器的准备工作已完成，例如校准、电池更换等；遵循测试仪器的使用说明和安全操作规程，确保操作正确和安全；如果测试结果异常或不符合设计要求，及时排查故障原因并采取相应的修复措施。

2. 测试顺序

(1) 确定测试顺序

根据设计图纸或线路布置图,确定连通测试的顺序。将线路划分为不同的段落或区域,并按照顺序进行测试。

(2) 准备测试仪器

根据测试需求,准备适当的测试仪器,如万用表、电压表或电流表等。确保测试仪器已经校准并处于良好工作状态。

(3) 检查线路连接

在开始测试之前,检查线路连接是否正确。确保线路端子已经正确连接,并紧固可靠。如果发现任何松动或异常情况,应及时进行修复。

(4) 逐个测试线路段

按照测试顺序,逐个测试各个线路段。将测试仪器的探头分别连接到线路的两个端点上,并根据需要选择适当的测试模式(电阻、电压或电流)。

(5) 观察测试结果

根据测试仪器的读数,观察测试结果。如果测试结果与设计要求相符,并且显示正常的电阻、电压或电流数值,则表示线路段连接正确且导通良好。

(6) 处理异常情况

如果测试结果异常或不符合设计要求,需要进一步排查故障原因。可以检查线路连接是否松动、导体是否损坏、绝缘是否破损等,并采取相应的修复措施。

(7) 测试接头

在测试线路段之后,进行接头的连通测试。使用适当的测试仪器和方法,确保接头连接正确、导通良好,并消除任何异常情况。

(8) 记录测试结果

对每个线路段和接头的测试结果进行记录,包括测试日期、测试仪器、测试数值以及任何异常情况的说明。这些记录可以作为后续的参考和证明。

在测试顺序中,需要注意从起点到终点逐段进行测试,确保线路的完整性和连续性;对于复杂的线路系统,可以采用分段测试或模块化测试的方式,以便更好地排查和解决问题。

3. 记录测试结果

(1) 测量数值

记录每次连通测试的测量数值, 如电阻、电压或电流等。这些数值反映了线路的连通状态和性能。确保准确记录测量数值, 并注意单位和精度。

(2) 测试时间

记录每次连通测试的时间和日期。这有助于跟踪测试的时间顺序和时效性。确保记录精确的测试时间, 以便后续追溯和分析。

(3) 测试人员

记录进行连通测试的人员姓名或编号。这有助于追溯和确认测试的责任人。确保正确记录测试人员的身份, 以便日后沟通和协调。

(4) 异常情况

如果在连通测试过程中发现任何异常情况, 例如不符合设计要求的测量数值或其他问题, 应详细记录, 并采取相应的修复和调整措施。确保准确描述异常情况, 包括出现的具体问题和可能的原因。

(5) 修复和调整记录

如果进行了修复和调整操作, 记录相关的维修措施和结果。这可以帮助追踪故障排除的过程和效果。确保记录修复和调整的具体步骤和措施, 并记录结果和效果。

(6) 验证测试

如果在修复和调整之后重新进行了连通测试, 记录验证测试的结果, 并与之前的测试结果进行比对。确保记录验证测试的具体步骤和结果, 并进行相应的数据比对和分析。

(7) 签名和审批

对测试记录进行签名和审批, 以确保记录的真实性和可靠性。确保有相关人员对测试记录进行确认和授权, 以提高记录的可信度。

第八章　给排水工程的质量监督与验收

第一节　给水系统的安装质量监督与验收的意义

一、确保系统功能正常

给排水系统的主要功能是有效地引导和排除废水、雨水和污水,以保持建筑内部环境的清洁和卫生。通过监督和验收,可以确保系统的管道、连接件和设备的安装符合规范要求,避免漏水、堵塞等问题的发生,保证系统的正常运行和顺畅排水。

二、提高施工质量

对于给排水系统的安装而言,正确的施工方法和标准操作是确保系统性能和使用寿命的关键。通过监督和验收,可以监控施工过程中是否按照规范进行,包括材料选择、施工工艺、安装位置等方面。这有助于提高施工方的责任心和工作质量,减少施工过程中的错误和瑕疵,提升整体施工质量。

三、保障安全可靠

给排水系统涉及到液体和废水的流动,如果系统存在质量问题,可能会引发漏水、渗漏、异味等安全隐患。通过监督和验收,可以确保系统的安装牢固可靠,减少系统运行过程中的潜在风险。例如,确保管道连接紧密、防止渗漏;正确设置检查口、清洁口和排气装置,以便于维护和排除故障。

四、保护建筑结构

给排水系统的设计和安装应该与建筑结构相协调，以免对建筑物本身产生损害。监督和验收可以确保系统的布局合理，避免管道穿越结构要素、破坏承重墙或地板等情况的发生。同时，还可以检查施工过程中是否有对建筑物其他部分的不必要损害，保护建筑结构的完整性。

五、提供法律依据

监督和验收是建筑工程质量管理的重要环节，也是相关法律法规的要求。通过进行监督和验收，可以形成相关的监督记录和验收报告，作为后期维权和追责的依据。如果发现系统存在质量问题，可以及时采取措施进行整改和追责，保障建筑物业主的合法权益。

第二节　给排水工程的质量监督与验收内容

给排水工程的质量监督与验收是确保给排水系统安全可靠运行的重要环节。

一、材料选择与采购

1. 标准和规范要求

在材料选择与采购过程中，首先要明确相关标准和规范的要求。了解国家、行业或地方制定的有关给排水系统材料的标准和规范，包括材料的种类、性能指标、使用范围等。

2. 供应商评估

对供应商进行评估，选择可靠的供应商合作。评估供应商的资质、信誉、生产能力以及服务水平等方面的情况。确保供应商具备提供合格材料的能力和经验。

3. 材料质量证明和合格证书

要求供应商提供材料质量证明和合格证书。这些文件可以证明材料符合标准和规范要求,并确保其品质合格。检查证书的有效性和真实性。

4. 材料验收检查

进行材料验收检查,包括外观、尺寸、强度等方面的检测。对于管道材料,检查其表面是否光滑、无裂纹、无明显变形等;对于阀门和管件等材料,检查其尺寸是否符合要求;对于泵站设备,检查其质量和性能参数是否满足设计要求。

5. 抽样检测

对大批量材料进行抽样检测,以确保批次中的材料质量符合要求。根据标准和规范要求,选择适当数量的样品进行物理和化学性能测试,包括强度、耐压性能、化学成分等。

6. 记录与跟踪

记录材料的采购信息、供应商信息以及验收检查结果等。建立材料的档案,便于后续追溯和管理。同时,及时跟踪材料的生产和交付情况,确保按时供货。

二、施工过程监督

1. 施工方案评审

在施工前,对施工方案进行评审。确保施工方案符合设计要求和相关规范,包括管道敷设、连接、支架安装等各个环节的具体施工步骤和要求。

2. 现场监督与检查

对施工现场进行实时监督和检查,确保施工过程符合相关规范和要求。特别关注管道敷设的坡度和坡向,确保管道能够顺利排放;检查连接处的牢固性,避免未来可能出现的漏水问题;检查支架的稳定性,确保管道能够安全承载。

3. 材料使用监督

监督施工过程中使用的材料是否符合相关标准和规范要求。检查材料的质量证明和合格证书,确保材料的品质合格。特别注意管道连接部分使用的密封材料和胶黏剂的选择和使用是否符合要求。

4. 工艺技术指导

提供施工现场的工艺技术指导,确保施工人员熟悉和掌握正确的施工方法和技术要求。解答施工中的疑问,协助解决施工过程中可能遇到的技术问题。

5. 记录与整改

记录施工过程中发现的问题和整改情况。对于不符合规范和要求的施工现象，及时提出整改要求，并跟踪整改结果。确保施工质量得到及时纠正和提高。

三、系统功能测试

1. 水压测试

进行水压测试，测量系统在不同用水负荷下的水压情况。通过使用合适的测试设备和方法，可以确定系统的水压稳定性和供水能力是否符合设计要求。测试包括静态水压测试和动态水压测试，以评估系统在正常使用条件下的水压表现。

2. 流量测试

进行流量测试，测量不同出水口的流量。通过使用流量计等测试设备，可以准确测量给排水系统的流量，以评估系统的供水能力和流量分配是否符合设计要求。测试包括常规流量测试、峰值流量测试和低流量测试等，以验证系统在各种工作条件下的流量性能。

3. 水位测试

进行水位测试，测量水箱或水池的水位变化情况。通过监测和记录水位的变化，可以评估系统的供水稳定性和水位控制的准确性。测试包括水位上升时间、水位下降时间和水位波动情况的测量，以验证系统的水位调节和控制性能。

4. 自动化控制系统测试

对于具备自动化控制系统的给排水工程，进行自动化控制系统的功能性能测试。测试包括各种控制指令和操作模式的调试和验证，以确保系统的自动化控制功能正常运行，并满足设计要求。

5. 泵站运行测试

对于涉及泵站的给排水系统，进行泵站的运行测试。通过测试泵站的启停、转速调节、压力调节等功能，评估泵站的运行状态和性能。测试还可以包括泵站的故障切换和报警功能的检查，以确保泵站在各种工作条件下的可靠性和安全性。

四、水质检测与评估

1. 常规水质指标测试

进行常规的水质指标测试,包括浑浊度、余氯含量、pH值等。通过使用合适的水质测试设备和方法,可以准确测量这些指标,以评估水质是否符合卫生标准和相关规范要求。

2. 微生物污染检测

进行微生物污染检测,如大肠菌群、致病菌等。通过采集水样,并进行适当的培养和分析,可以判断水中是否存在微生物污染,以保证居民饮用水的卫生安全。

3. 化学成分分析

进行水中化学成分的分析,包括硬度、铁、锰、氟化物、重金属等。通过使用适当的化学分析方法,可以确定水中的化学成分,评估其对人体健康的潜在风险。

4. 水质评估

根据相关标准和要求,对水质进行评估。将水质测试结果与卫生标准和相关规范进行对比,判断水质是否符合要求。同时,还可以根据水质评估结果提出改进建议,以进一步提高水质的卫生安全性。

5. 持续监测与控制

验收过程中进行的水质检测只是一个时间点的评估,为了确保长期的水质稳定,建议进行持续的水质监测和控制。通过安装适当的水质监测设备,并建立有效的监测与控制机制,实时跟踪和控制水质指标,及时发现和解决水质问题。

五、记录与报告

1. 详细记录施工过程

在监督与验收过程中,对施工过程进行详细记录。拍摄照片或录像,记录施工现场的情况、施工步骤和操作流程等。同时,记录施工人员的数量和资质、使用的设备和工具、施工材料的来源和批次等相关信息。

2.检测结果记录

对于进行的各项测试和检测,记录检测结果,包括水压测试、流量测试、水质指标测试等的结果数据,以及测试时采用的方法和设备。记录这些数据有助于后续的评估和分析,确保系统符合设计和规范要求。

3.问题整改情况记录

如发现施工过程中存在问题,记录并追踪整改情况。对于不符合规范和要求的施工现象,记录整改要求,并跟踪整改结果。确保问题得到及时解决和纠正,以提高施工质量和系统可靠性。

4.编写验收报告

针对整个监督与验收过程,编写验收报告。报告应包括监督与验收的目的和范围,施工过程的记录和评估结果,系统的安装质量和水质情况等。报告应具备清晰的结构和逻辑,以便后续参考和追溯。

5.存档管理

将监督与验收过程的相关记录和报告进行存档管理。建立一个合理的存档系统,确保记录和报告的保存和归档,以备后续需要进行参考、审查或调查时使用。同时,确保存档文件的保密性和安全性。

第三节 给排水工程的质量监督与验收方法

一、制定验收标准与规范

1.参考相关标准和规范

参考国家、地方或行业制定的相关标准和规范,如《给水排水管道工程施工及验收规范》《城市给水工程项目规范》等。仔细研究这些标准和规范,了解其中对给水系统安装质量的要求和检查内容。

2.明确验收目标和要求

根据相关标准和规范,明确给水系统安装质量的验收目标和要求,包括材料选择与采购要求、施工工艺与技术要求、系统功能性能要求、水质要求等方面。根据实际情况,可以进行适度的调整和补充。

3.详细的检查内容和方法

根据验收目标和要求,制定详细的检查内容和方法。例如,在材料选择与采购方面,要求检查材料的质量证明和合格证书;在施工过程监督方面,要求检查管道敷设、连接、支架安装等环节;在系统功能测试方面,要求进行水压测试、流量测试等。明确每个环节的具体检查点和操作步骤。

4.验收标准和评定方法

制定验收标准和评定方法,以便对给水系统安装质量进行评估和判断。根据标准和规范中的要求,制定相应的合格标准和不合格标准。根据实际情况,可以设定合格标准的限值和容许偏差范围。

5.持续改进和更新

验收标准与规范应是一个持续改进和更新的过程。随着技术和行业的发展,相关标准和规范也在不断演变和完善。因此,需要定期回顾和更新验收标准与规范,以保证其与最新的技术和行业要求保持一致。

二、建立监督与验收机制

1.设立监督与验收组织

建立专门的监督与验收组织,负责协调、管理和执行监督与验收工作。该组织可以是由政府部门、行业协会或专业机构设立的机构,拥有相关专业知识和技术能力。

2.明确职责和权限

明确监督与验收人员的职责和权限,确保各个环节的监督与验收工作得以有效实施。监督人员应具备相应的资质和经验,能够独立进行监督与验收工作,并具备处理问题和解决纠纷的能力。

3.培训与提高专业水平

对监督与验收人员进行必要的培训和提高专业水平的活动。这包括提供给排水工程的相关标准、规范和技术知识的培训,加强实际操作技能的训练,并定期组织专题研讨会和学术交流活动,促进经验分享和专业能力提升。

4. 制定监督与验收流程

制定监督与验收的具体流程和操作规范。明确监督与验收的步骤、时间节点和相关文件的管理要求。确保监督与验收工作的有序进行，避免疏漏和纰漏。

5. 信息共享与协作

建立信息共享和协作机制，加强监督与验收组织与其他相关部门之间的沟通和合作。与建设单位、施工单位、设计单位等建立有效的沟通渠道，及时交流信息，解决问题，并共同提高给排水工程质量。

6. 监督与验收记录与报告

对监督与验收过程进行详细的记录，包括施工现场照片、检测结果、问题整改情况等。编写监督与验收报告，总结整个监督与验收过程，并记录系统的安装质量和水质情况，以备后续参考和追溯。

三、实施现场监督与抽样检查

1. 现场监督

在给水系统安装过程中，进行现场监督，确保施工符合相关要求。监督人员应对施工现场进行定期巡视，注意施工进度、施工质量和安全情况，并及时发现并纠正施工中的不符合要求的问题。

2. 抽样检查

进行抽样检查以评估给水系统的安装质量。根据相关标准和规范，选择适当数量的样品进行检测。例如，对管道材料进行抽样检测，包括外观、尺寸、强度等方面；对阀门和管件等关键部件进行抽样检测，确保其质量满足要求。

3. 验收标准和规范

根据相关标准和规范，制定明确的验收标准和规范。将这些标准和规范用作现场监督和抽样检查的依据，确保施工质量符合要求。

4. 问题整改

如果在现场监督和抽样检查中发现施工存在问题，监督人员应及时通知施工方，并要求其进行整改。确保问题得到及时解决，以提高施工质量和系统的可靠性。

5.记录与报告

记录现场监督和抽样检查的结果，并编写详细的报告。报告中应包括发现的问题、整改要求和整改结果等信息。这些记录和报告有助于追溯和审查，也为后续的运维和管理提供参考依据。

四、使用测试仪器和设备

1.压力表

使用压力表对给水系统进行压力测试。通过安装压力表在系统关键节点上，可以测量不同用水负荷下的水压情况。这有助于评估系统的水压稳定性和供水能力是否满足设计要求。

2.流量计

使用流量计对给水系统进行流量测试。通过安装流量计在不同出水口或管道段上，可以准确测量水流量。这有助于验证系统的供水能力和流量分配是否符合设计要求。

3.水质测试仪器

使用水质测试仪器对给水系统进行水质检测。常见的水质测试仪器包括浊度计、余氯测试仪、pH计等。这些仪器可以测量水中的浑浊度、余氯含量、pH值等指标，以确保水质符合卫生标准和相关规范要求。

4.其他测试设备

根据需要，还可以使用其他测试设备进行性能测试和检测。例如，使用温度计对热水系统进行温度测试；使用噪声测试仪器对泵站或水箱的噪声水平进行检测。根据具体情况选择适当的测试设备。

5.准确性和校准

使用测试仪器和设备时，需要确保其准确性和可靠性。定期对测试仪器进行校准和维护，以保证测试结果的准确性。同时，使用合适的测试方法和操作流程，遵循相关的标准和规范要求。

第九章　暖通工程的质量监督与验收

第一节　采暖系统的安装质量监督与验收

采暖系统在建筑物中起着至关重要的作用,能够提供舒适的室内温度,并满足用户对于热水和暖气的需求。为了确保采暖系统的正常运行和高效性能,对其安装质量进行监督与验收是必不可少的环节。

一、采暖系统的安装质量监督与验收的意义

采暖系统的安装质量监督与验收对于保障室内舒适度和提高能耗效率具有重要意义。一个优质的安装可以确保采暖系统正常运行,提供稳定且符合要求的室内温度,并最大限度地降低能源消耗。

第一,监督与验收能够确保采暖系统按照相关规范和标准进行安装。这些规范和标准包括安装位置、管道布局、设备选型等方面的要求,可以及时发现并纠正安装过程中存在的问题,避免因低质量安装而导致的采暖不均匀、能效低下和故障频发等问题。

第二,监督与验收还能够确保安装工艺和施工质量达到标准要求。采暖系统的安装涉及各种工艺细节,如管道连接、绝缘处理、防水防漏等。只有在监督与验收的过程中,才能全面检查和评估这些工艺的质量,确保采暖系统的安装质量达到要求。

第三,监督与验收还能够提高用户满意度和节约能源。通过优化设计和正确安装,可以最大限度地减少能源消耗,降低用户的能源支出。监督与验收的过程中,还可以向用户提供相关的操作和维护指导,帮助用户更好地使用和管理采暖系统,

进一步提高能耗效率和用户体验。

二、采暖系统的安装质量监督与验收目标

（一）确保安装过程符合相关规范和标准

为了确保采暖系统的安装过程能够达到国家和行业的规范和标准,以保证系统的安全可靠性和能效高效性,以下是一些应该遵循的步骤和要求。

1.选择合格的供应商和承包商

在安装采暖系统之前,应该选择经验丰富、持有相关资质和许可证的供应商和承包商。

2.遵循设计规范

根据设计方案和规范要求,确保所有安装步骤和操作都与规范相符。这包括正确选择和布置设备、管道、阀门和其他组件。

3.使用合格材料和设备

安装过程中应使用符合规范要求并具有质量保证的材料和设备。。

4.安全施工

安装过程中应注意施工安全,遵守相关的安全操作规程和措施,并提供适当的个人防护装备,并采取预防措施,如临时保护和标记危险区域。

5.进行必要的测试和调试

在安装完成后,应进行必要的测试和调试,以确保系统的正常运行和符合设计要求。

（二）检测并纠正安装过程中的问题

在采暖系统的安装过程中,通过监督和验收可以及时发现和纠正一些常见的安装问题。

1.管道连接不严密

管道连接不严密可能导致泄漏和能量损失。通过进行压力测试和泄漏检测,可以及时发现管道连接是否存在问题。如果发现问题,应立即采取措施进行修复,如重新紧固螺母、更换密封垫等。

2.设备安装不牢固

设备安装不牢固可能导致设备运行时的振动和噪声,甚至危及安全。如果发现设备松动或者不稳定,应及时调整和加固支撑结构,确保设备的稳定性。

3.配管设计不合理

配管设计不合理可能导致水流阻力增大、冷热水供应不均匀等问题。如果发现问题,应及时调整管道布局和直径,确保水流平衡和顺畅。

4.绝缘材料不足

如果发现绝缘材料不足或者存在缺陷,应及时添加或更换绝缘材料,以确保系统的热效率和安全性。

5.控制系统设置错误

控制系统是采暖系统的关键组成部分,在安装过程中,要仔细检查控制系统的设置和参数,确保其符合设计要求和规范。

(三)确保系统性能和功能的实现

为了确保采暖系统的性能指标达到设计要求并确保系统的各项功能正常运行,以下是一些可以采取的措施。

1.进行性能测试

在系统安装完成后,进行性能测试以验证系统是否满足设计要求。这包括对供热设备的输出温度、供暖面积的覆盖范围和供暖负荷的满足程度等方面进行测试和评估。

2.测试控制系统

控制系统是确保采暖系统正常运行和实现节能的关键。通过测试控制系统的各个功能和参数设置,验证其能否准确地控制温度、湿度、风速等,并确保各个环节协调配合。

3.检查传感器和仪表

传感器和仪表是监测和控制系统性能的重要组成部分。在验收过程中,应检查传感器和仪表的精度和灵敏度,确保其能够准确地获取和传递数据。

4. 系统调试和优化

在验收过程中,要对阀门、风机的运行速度和水流量等系统进行调试和优化,以确保各个组件的协调工作和系统的最佳性能。

5. 检查安全保护装置

采暖系统应配备必要的安全保护装置,如压力开关、温度限制器等。

(四)为后续运维提供依据

安装质量监督与验收的结果对于后续运维工作具有重要意义,可以为运维人员提供以下依据和参考:

1. 安装记录和文件

在安装过程中,应详细记录所有操作和步骤,并保存相关文件。这些记录和文件可以成为后续运维工作的重要依据,包括设备型号、规格、安装日期、质检报告等。运维人员可以根据这些信息更好地了解系统的结构和配置。

2. 设备清单和保养指南

通过安装质量监督与验收,可以获得设备清单和保养指南。这些资料可以提供给运维人员,帮助他们了解系统中各个设备的功能和特点,以及正确的保养和维护方法。

3. 验收报告和缺陷修复记录

验收过程中,可能会发现一些问题和缺陷,这些问题和缺陷的修复记录可以成为后续运维工作的重要依据。运维人员可以参考这些记录,确保已经解决了安装过程中存在的问题,并及时处理和修复其他可能出现的故障。

三、采暖系统的安装质量监督与验收实施步骤

(一)制定监督与验收计划

制定监督与验收计划是项目管理中的重要环节,它旨在根据项目特点和需求,明确监督与验收的时间节点和具体内容。

1.了解项目特点

需要全面了解项目的特点和要求,包括项目的规模、工期、技术难度等因素。这些信息将有助于确定监督与验收计划的整体框架。

2.确定监督与验收的目标

在制定计划之前,需要明确监督与验收的目标。这可以是确保施工按照合同要求进行,保证质量达到标准,或者验证工程进展符合计划等。根据不同的目标,可以确定相应的监督与验收内容。

3.制定时间节点

根据项目的工期和关键节点,确定监督与验收的时间节点。这些时间节点应与项目进展相对应,并考虑到各个阶段的重要性和工作的依赖关系。例如,在关键工序完成后进行验收,以确保质量和安全。

4.确定监督与验收的具体内容

根据项目需求和监督与验收目标,确定具体的监督与验收内容。这包括对施工过程、材料、质量控制、安全措施等方面的监督和验收要求。具体内容应与项目需求相匹配,确保达到预期的目标。

5.分配责任和资源

确定谁将负责监督与验收工作,并分配相应的人力和物力资源。监督与验收的责任可能由项目经理、监理工程师或专业顾问等承担。确保所需资源得到充分配置,以支持监督与验收工作的顺利进行。

6.编制计划文档

将制定好的监督与验收计划整理成文件,明确记录各项内容。计划文档应包括时间节点、具体内容、责任人、资源需求等信息,以便于实施和跟踪。

(二)设计审查

设计审查是对采暖系统的设计方案进行全面审查,以确保其符合相关规范和标准要求。设计审查的目的是发现并纠正潜在的问题,确保采暖系统的设计能够满足预期的性能和效果。

1.设计规范和标准

需要检查设计方案是否符合适用的规范和标准要求。这包括建筑行业的相关规范、国家标准以及特定项目所要求的技术规范等。审查过程中,需要核对设计方案中的参数、尺寸、材料选型等,确保其与规范和标准的要求相一致。

2.系统布局和结构

审查设计方案时,需要仔细检查采暖系统的整体布局和结构。这包括供热源、管道网络、散热器、控制设备等组成部分的位置、连接方式和布置方式。审查时需注意系统的紧凑性、管道的通畅性、设备之间的协调性等因素,确保系统设计合理且易于施工和维护。

3.设备选择和容量计算

审查设计方案还需要关注所选设备的合理性和容量计算的准确性。需要检查所选设备是否符合项目需求,包括热负荷、温度要求等方面。同时,也需要核对容量计算的方法和数据,确保其准确无误。

4.安全性和节能性

在设计审查中,安全性和节能性是重要考虑因素。需要检查设计方案中是否包含必要的安全措施,例如防火措施、泄漏报警系统等。此外,还需要评估设计方案的节能性,例如通过优化管道布局、选择高效设备等方式实现能源的有效利用。

5.施工可行性

在设计审查过程中,需要评估设计方案的施工可行性。审查时需要注意施工难度、材料供应情况、工期安排等因素,以确保设计方案在实际施工中能够顺利实施。

(三)施工监督

施工监督是指派出专业人员在施工现场进行实时监督,以确保施工质量和工艺操作符合规范要求。通过施工监督,可以及时发现和解决施工中的问题,确保工程按照预定计划进行,并达到高质量的目标。

1.施工质量检查

监督人员应对施工过程中的关键节点和关键工序进行质量检查。这包括材料的选择与使用、施工工艺的正确执行、结构的牢固性等方面。通过仔细检查，可以及时发现施工质量存在的问题，并采取相应的措施加以解决，以确保最终的工程质量符合要求。

2.工艺操作监督

除了施工质量，监督人员还应对工艺操作进行监督。这包括施工人员的技术操作、施工流程的合理性、设备的调试与安装等方面。通过监督，可以确保施工人员按照正确的工艺操作进行施工，并遵守安全规范，减少潜在风险。

3.问题解决和协调

在施工监督中，监督人员需要及时发现并解决施工过程中的问题。这可能涉及材料的质量问题、施工流程的调整、设计方案的变更等。同时，监督人员还需要与相关方进行协调，确保问题能够得到及时解决，不影响工程进度和质量。

4.文档记录和报告

在施工监督过程中，监督人员应及时记录和报告施工情况。这包括记录施工过程中的关键节点、质量检查结果、问题解决情况等。通过详细的文档记录，可以为后续的验收和总结提供依据，并对施工过程进行跟踪和评估。

（四）现场测试

现场测试是指在安装完成后，对系统进行各项测试，以验证其性能和功能是否符合要求。通过现场测试，可以确保系统能够正常运行，并满足预期的技术和功能要求。

1.功能测试

需要对系统的各项功能进行测试。这包括设备的启停、控制系统的操作、传感器的检测等。测试应按照设计要求和操作手册中的步骤进行，确保系统的各项功能正常运行，并且符合预期效果。

2.性能测试

除了功能测试，还需要对系统的性能进行测试。这包括温度控制、供暖效果、能耗等方面的测试。通过监测温度、能耗等参数，评估系统的性能是否符合设计要求，并与预期的效果进行比较。

3. 安全测试

在现场测试中，也需要关注系统的安全性。这包括检查设备的安全运行状态、防火措施的有效性、泄漏报警系统的工作等。测试过程中需特别注意安全问题，并及时采取必要的措施消除潜在风险。

4. 故障排除

如果在现场测试中发现系统存在问题或不符合要求，需要进行故障排除。这可能涉及检查设备的连接、调整控制参数、更换故障元件等。通过仔细排查和解决问题，确保系统能够正常运行，并达到预期的性能和功能。

5. 测试记录和报告

在进行现场测试时，需要详细记录测试过程和结果，包括测试的时间、测试方法、测试数据等信息。同时，还需编写测试报告，总结测试结果，指出存在的问题和改进措施。这些记录和报告对于后续的验收和项目总结非常重要。

（五）文件验收

文件验收是指对施工单位提供的相关文件进行审查，以确保施工过程的记录完整和准确。这些文件包括但不限于施工计划、进度报告、质量检验报告、安全措施记录等。通过进行文件验收，可以核实施工单位按照规定提交必要的文件，并对其进行审查以确认其完整性和准确性。

1. 文件的完整性

需要核实施工单位所提供的文件是否齐全。根据项目管理的要求和合同约定，确定需要提供的文件清单，并逐一检查文件是否齐备。确保没有遗漏重要文件，同时排除多余或不必要的文件。

2. 文件的准确性

除了完整性，还需要对文件的内容进行审查，确保其准确性。比如，施工计划应包含详细的工期安排和资源调配，进度报告应反映实际进展情况，质量检验报告应记录真实的检验结果，安全措施记录应详尽而具体。审查文件的准确性有助于发现潜在问题,并及时采取相应措施加以解决。

3. 文件的规范性

此外,还需检查文件的规范性,即文件是否符合规定的格式和要求。例如,施工计划应包括合理的时间安排和里程碑节点,进度报告应清晰明了,质量检验报告应有规范的检验项目和结果记录,安全措施记录应包含详细的安全措施和实施情况等。通过审查文件的规范性,可以确保文件易于理解和使用。

4. 文件的一致性

还需核对不同文件之间的一致性。各个文件应相互印证,避免出现矛盾或信息重复的情况。例如,施工计划中的工期安排应与进度报告中的实际进展一致,质量检验报告中的检验结果应与质量要求一致等。通过确保文件之间的一致性,可以提高施工过程的逻辑性和可靠性。

(六)缺陷整改

缺陷整改是指在监督与验收过程中,如果发现问题或不合格项,要求施工单位及时采取措施进行整改,并重新进行验收。这是确保工程质量符合规范要求的重要环节。

1. 发现问题或不合格项

通过监督与验收工作,需要及时发现问题或不合格项。这可能涉及施工质量、安全隐患、材料使用等方面。发现问题或不合格项后,应及时记录并与施工单位沟通,确保问题得到充分认知和共识。

2. 制定整改计划

一旦发现问题或不合格项,需要与施工单位共同制定整改计划。整改计划应明确问题的具体内容、整改措施、责任人、时间节点等。通过制定整改计划,确保整改工作有序进行,并按时完成。

3. 实施整改措施

根据整改计划,施工单位需采取相应的措施进行整改。这可能包括更换材料、修复设备、调整施工工艺等。整改过程中,需确保措施的科学性和有效性,以达到预期的效果。

4.重新验收

在整改完成后,需要进行重新验收,以验证问题是否得到了解决。重新验收时,应核查整改措施的执行情况,并对整改结果进行评估。如果问题得到合理的解决,并符合规范要求,可以通过验收。

5.文件记录和报告

整个缺陷整改过程需要做好文件记录和报告,包括问题的发现、整改计划的制定、整改措施的实施情况等。这些记录和报告对于项目管理和总结经验教训非常重要。

（七）最终验收

最终验收是指在所有问题得到解决并符合要求后,对整个项目进行最终的验收工作。通过最终验收,可以确认工程已经按照规范要求完成,并出具相应的验收报告。

1.完成所有工作

确保所有工程工作已经完成并达到预期要求,包括施工过程中的各项工序、设备安装、系统调试等。同时,还需确认项目交付前的必要文件和资料已经齐备,例如施工图纸、设备清单、操作手册等。

2.验收标准和要求

根据项目管理的要求和合同约定,明确最终验收的标准和要求。这可能涉及质量标准、性能指标、安全要求等方面。通过与业主或相关方进行沟通,确保双方对验收标准和要求有一致的认识。

3.验收方法和程序

确定最终验收的具体方法和程序。这包括验收人员的组织、验收时间的安排、验收过程的步骤和内容等。通常,最终验收由业主、监理工程师、设计单位等相关方共同参与,以确保公正和客观。

4.验收记录和报告

在最终验收过程中,进行详细的记录和报告。包括验收的时间、人员名单、验收结果等信息。通过验收记录和报告,可以对工程的整体情况进行总结和评估,并为后续的项目验收和运维提供参考依据。

5.验收报告的出具

根据最终验收的结果,编写并出具验收报告。验收报告应包括项目的基本信息、验收标准和要求、验收结果和评价等内容。同时,还需明确项目交付的日期和相关责任方的签字确认,以确保验收结果的正式性和可靠性。

第二节　通风系统的安装质量监督与验收

一、通风系统的安装质量监督与验收的意义

(一)监督通风系统安装质量的意义

1.保障室内空气质量

通风系统的安装质量直接影响建筑物内部的空气流动和新鲜空气的供应。监督通风系统的安装质量可以确保系统正常运行,有效地排除室内有害物质,提供清新、洁净的室内空气,保障人们的健康。

2.提供良好的室内环境

通风系统不仅能够排除室内污染物,还能调节室内温度和湿度,提供舒适的室内环境。监督通风系统的安装质量可以确保系统的功能完善,避免出现漏风、风噪、温度不均等问题,提高室内环境的舒适性。

3.确保人员健康

通风系统的正常运行对于人员的健康至关重要。合格的通风系统能够有效降低病菌、细菌、病毒等传播的风险,减少呼吸道疾病和过敏症状的发生。监督通风系统的安装质量可以确保系统的工作效果,降低健康风险,保护人员的身体健康。

(二)通风系统安装质量验收的意义

1.确保安全性能

通风系统涉及电气设备、管道连接等方面的安全性能。进行安装质量验收可

以确保通风系统的各项安全措施得以落实,避免因施工不合规或材料质量问题导致的安全隐患。

2.确保符合标准要求

通风系统的安装质量应符合相关的技术标准和规范要求。安装质量验收可以对照标准要求进行检查,确保通风系统的设计、施工和设备选择等方面都符合规定,达到预期的功能和效果。

3.避免纠纷和经济损失

通过安装质量验收可以及时发现和解决通风系统安装过程中存在的问题和缺陷,避免后期出现纠纷和经济损失。同时,验收还可以为后续的维护和保养提供基础数据和参考依据,确保通风系统的长期稳定运行。

二、通风系统的安装质量监督与验收的目标

1.符合设计要求和标准

通风系统的安装应符合相关的设计要求和标准,包括通风设备的选型、管道布局、连接方式等。监督和验收的目标是确保这些方面都符合规定,以达到设计预期的通风效果和性能。

2.确保运行状态和功能正常

通风系统的安装质量应确保其运行状态和各项功能正常。通过监督和验收,可以对通风系统进行检查和测试,确保设备能够正常运转、管道无渗漏、阀门操作灵活等,以保证通风系统能够按照预期工作。

3.提高室内空气质量

通风系统的安装质量直接关系到室内空气质量的提升。监督和验收的目标是确保通风系统能够有效排除室内污染物、增加新鲜空气供应,并保持适当的湿度和温度,从而提高室内空气的质量,创造舒适健康的室内环境。

4.保障人员健康和安全

通风系统的正常运行对于人员健康和安全至关重要。通过监督和验收,可以确保通风系统能够有效降低有害物质的浓度,减少病菌和病毒的传播,防止空气污染引发呼吸道疾病和过敏反应,保障人员的健康和安全。

5. 提供后续运维和维修参考依据

通风系统的安装质量监督与验收还可以为后续的运维和维修提供参考依据。通过记录通风系统的安装情况和性能测试结果，可以为后续的设备维护、管道清洁和故障排除提供基础数据，提高通风系统的可靠性和维护效率。

三、通风系统的安装质量监督与验收步骤

（一）安装监督

在通风系统的安装过程中，应由专业工程师或监理人员进行监督。他们负责确保施工符合设计要求和相关标准，以保证通风系统的安装质量。

安装监督的主要职责如下。

1. 检查施工质量

监督人员会对通风设备、管道布置、连接方式等进行检查，确认施工质量是否符合设计要求和相关标准。他们会仔细观察每个环节的施工过程，确保设备安装牢固、管道连接紧密、支撑结构稳固等。

2. 确保施工安全

安装监督人员还会关注施工过程中的安全问题。他们会确保施工现场符合安全规范和操作规程，提醒工人遵守安全操作程序，预防事故的发生，并及时处理施工过程中的安全隐患。

3. 协调解决问题

如果在施工过程中出现问题或疑问，安装监督人员会与施工人员和设计人员进行沟通和协调，寻找解决方案。他们会提供专业建议，指导施工人员进行必要的调整和改进，确保问题得到及时解决。

4. 文件记录和报告

安装监督人员会进行详细的文件记录和报告。他们会记录施工过程中的检查结果、问题与整改情况、关键数据等，并形成监督报告。这些文件记录和报告可以作为通风系统安装质量验收的依据，也为后续的运维和维修提供参考。

通过专业的安装监督，可以确保通风系统的施工质量符合设计要求和相关标

准。监督人员的存在可以及时发现和解决问题,保证通风系统的安全性、可靠性和有效性。

(二)验收准备

通风系统完工后,进行验收前的准备工作是确保验收顺利进行的重要环节。以下是一些常见的验收准备工作。

1. 整理相关资料

整理通风系统的相关资料,包括设计文件、施工图纸、设备技术参数等。这些资料是进行验收评估和比对的依据,有助于了解通风系统的设计要求和实际施工情况。

2. 准备检查设备

准备所需的检查设备和工具,如测量仪器、测试仪表、噪声测量仪等。这些设备将用于对通风系统的各项参数进行检测和评估,确保其符合设计要求和相关标准。

3. 确定验收标准

根据设计要求和相关标准,明确通风系统的验收标准。例如,风量、风速、噪声等参数的限制值或范围。通过确定验收标准,可以对通风系统进行客观、一致的评估。

4. 验收计划安排

制定验收计划,并与相关人员进行沟通和协调。确定验收的时间、地点,邀请相关的技术人员、设计人员和监理人员参与验收过程。确保验收过程有条不紊地进行,各项工作得到妥善安排和执行。

5. 检查清单准备

根据通风系统的设计要求和相关标准,制定相应的检查清单。检查清单包括对通风设备、管道、附件等进行检查的项目和要求。通过检查清单,可以全面评估通风系统的安装质量。

在完成以上准备工作后,可以按照预定的计划进行通风系统的验收。准备充分、有序的验收过程将有助于确保通风系统的安装质量符合设计要求和相关标准。

（三）现场检查

现场检查是通风系统安装质量验收的重要环节之一。通过对通风设备、管道、附件等进行现场检查，可以确认其安装质量是否符合要求。

1.通风设备检查

对安装的通风设备进行观察和评估。检查设备是否安装牢固，各部件是否紧固，是否存在松动或漏风的问题。确保通风设备的位置、方向、高度等符合设计要求，并与相应的支撑结构连接稳固。

2.管道检查

对通风系统的管道进行检查。观察管道的布置是否合理、路径是否畅通，避免死角和回风现象。检查管道连接是否紧密，无漏风现象。同时，还需关注管道的隔热措施和防震措施是否到位。

3.附件检查

检查通风系统的附件，如风口、风阀、排气扇等。确保附件的安装位置准确，操作灵活，能够正常工作。检查附件的密封性能、开启关闭情况等，以确认其质量和功能符合要求。

4.安全检查

在现场检查过程中，还需注意施工安全。检查是否存在安全隐患，如管道支撑结构是否稳固、设备是否正确接地等。确保施工现场符合安全规范和操作规程。

通过现场检查，可以直观地评估通风系统的实际安装情况，确保其安装质量达到预期要求。如果发现任何不符合要求的地方，应及时指出并要求整改。

（四）功能验证

功能验证是通风系统安装质量验收的重要环节之一。通过测试通风系统的风量、风速、噪声等功能，可以确认其是否正常运行，符合设计要求。

1.风量测试

使用专业仪器对通风系统的风量进行测试。根据设计要求，将仪器放置在适当的位置，测量单位时间内通过通风系统的空气体积。测试结果应与设计要求相匹配，以确保通风系统能够提供所需的风量。

2.风速测试

使用风速计或其他测量设备,对通风系统的风速进行测试。将仪器放置在送风口、排风口等位置,测量空气流动的速度。测试结果应与设计要求相符,以确保通风系统能够提供所需的风速。

3.噪声测试

使用噪声测量仪等设备,对通风系统产生的噪声进行测试。在不同位置和工作状态下进行测量,评估噪声水平是否符合设计要求和相关标准。确保通风系统在正常运行时不会产生过高的噪声。

4.其他功能测试

根据通风系统的具体设计要求,进行其他功能的测试。例如,对于防火排烟系统,可以进行相应的演练和测试,验证其在紧急情况下的可靠性和效果。

通过功能验证,可以确认通风系统的关键功能是否正常运行,并评估其性能是否符合设计要求。如果测试结果不符合要求,需要及时进行调整和修复,以确保通风系统能够正常运行,并提供良好的室内环境。

（五）性能测试

除了功能验证,对于特殊要求的通风系统,还需要进行一些额外的性能测试,以确保其满足设计要求和相关标准。

1.气密性测试

对通风系统进行气密性测试,以评估系统的漏风情况。通过使用气密性测试仪器,对通风系统进行压力差测试或烟雾测试,检测系统是否存在明显的漏风现象。确保通风系统在正常运行时不会有明显的气体泄漏。

2.压力测试

对通风系统进行压力测试,以评估系统的承压能力。通过增加系统内部或外部的压力,并测量系统内部的压力变化,以确认通风系统的管道和设备能够承受正常工作状态下的压力要求。

3.风洞模拟测试

对大型或复杂的通风系统,可以进行风洞模拟测试。通过在风洞中模拟实际使用场景的风速、风向等条件,评估通风系统在各种工况下的性能表现。这可以帮助优化系统设计,提前发现潜在的问题和改进空间。

4. 能效测试

对通风系统进行能效测试,以评估其能耗和效率。通过测量设备的功耗、计算能耗指标等方式,评估通风系统在实际运行中的能效表现,并与设计要求和相关标准进行比较。

这些性能测试旨在验证通风系统在各种条件下的性能表现,并确保其满足特殊要求和设计要求。测试结果可以提供重要的参考和依据,以优化系统设计、改进工艺流程,并为后续的运维和维护提供指导。

(六)验收记录

1. 检查结果

在项目的验收过程中,我们对各项功能、性能指标、用户界面等方面进行了详细的检查。

(1) 功能方面

系统的核心功能全部实现,并且能够正常运行。所有的基本操作和流程都能够按照需求顺利完成。

(2) 性能方面

系统的响应速度在可接受范围内,无明显卡顿或延迟现象。系统的负载能力也符合预期,能够处理大量的并发请求。

(3) 用户界面方面

系统的界面设计简洁美观,布局合理,易于操作和导航。各项功能模块之间的交互逻辑清晰明确。

2. 测试数据

我们使用了多组测试数据来验证系统的稳定性和准确性。根据测试结果,系统在各种情况下表现良好,能够正确处理各种输入数据,并给出准确的输出结果。测试数据包括:

①正常情况下的输入数据和预期输出数据。

②边界情况下的输入数据和预期输出数据。

③异常情况下的输入数据和预期输出数据。

通过这些测试数据,我们确认系统在各种情况下均能正常运行,并且输出结果符合预期要求。

3.存在的问题和整改情况

在验收过程中,我们发现了一些问题,需要进行整改。具体问题如下。

(1)功能缺陷

某个功能模块存在逻辑错误,导致无法正常使用。

(2)用户界面问题

某些页面的布局存在不合理之处,影响用户的操作体验。

(3)性能瓶颈

在某些高负载情况下,系统的响应速度较慢,需要进行性能优化。

针对这些问题,我们制定了相应的整改方案。

(1)功能缺陷

我们将重新设计并实现该功能模块,确保其满足需求并能够正常工作。

(2)用户界面问题

我们将对相关页面进行调整和优化,改善用户的操作体验。

(3)性能瓶颈

我们将对系统进行性能优化,通过优化算法和增加资源来提升系统的响应速度。

4.验收报告

根据上述的检查结果、测试数据以及问题整改情况,我们形成了一份完整的验收报告。该报告详细记录了项目的验收过程和结果,包括功能、性能、用户界面等方面的评估结果,以及存在的问题和整改情况。

验收报告将作为项目验收的依据,用于向相关人员汇报项目的完成情况,并对后续的运维和维护工作提供参考。同时,验收报告也可以作为项目经验的总结,为今后的类似项目提供借鉴和参考。

第三节　空调系统的安装质量监督与验收

一、空调系统的安装质量监督与验收的意义

空调系统是现代建筑中必不可少的设备之一，它能够为人们提供舒适的室内环境，调节空调系统在现代建筑中扮演着至关重要的角色，它不仅可以为人们提供舒适的室内环境，还能调节温度、湿度和空气质量。因此，空调系统的安装质量直接影响到系统的性能和可靠性。

1.确保系统的正常运行

合格的安装质量能够保证空调系统的各个部件和设备正确安装，连接紧固可靠，减少因错误安装导致的故障和问题。监督与验收可以确保系统的各项功能能够正常运行，有效避免由于安装不当而引起的故障和损坏。

2.减少故障发生的可能性

通过对安装质量进行监督与验收，可以及时发现并纠正潜在的问题和缺陷，避免在后续使用过程中出现故障。合格的安装质量可以减少系统故障的发生，提高系统的可靠性和稳定性，降低维修和维护成本。

3.延长设备的使用寿命

空调系统的设备和部件在正确安装的情况下，能够得到更好的保护和维护。监督与验收可以确保设备安装符合规范和要求，减少因错误安装而引起的设备损坏和早期老化，从而延长设备的使用寿命。

4.提高工作效率

合格的安装质量可以确保空调系统的高效运行，提高冷热源的能效利用，降低能源消耗。同时，优质的安装还能减少系统噪声和振动，提升用户的使用体验和舒适度。

5.保障用户健康和舒适度

空调系统的安装质量直接关系到室内空气质量，不合格的安装可能导致空气

污染、异味等问题。通过监督与验收,可以确保系统的排风、换气和过滤等功能正常运行,保障用户的生活和办公环境的舒适度和健康。

二、空调系统的安装质量监督与验收的目标

(一)确保空调系统的安全运行

通过对安装过程的监督与验收,可以确保空调系统的各个部件正确安装,从而避免因为安装不当而导致的设备故障、损坏甚至危险。

在空调系统的安装过程中,每一个细节都至关重要。任何一个部件的错误安装或连接不牢固都可能引发严重的后果。因此,通过对安装过程的监督与验收,可以确保空调系统的安全运行,具体意义如下。

1. 避免设备故障

安装过程中,如果某个部件连接不良或安装位置不准确,可能导致设备故障。例如,冷凝器和蒸发器之间的连接管道如果没有正确连接,可能会导致制冷剂泄漏,从而影响系统的正常运行。通过监督与验收,能够及时发现并纠正这类问题,确保设备连接牢固可靠,避免设备故障的发生。

2. 防止设备损坏

空调系统的各个部件都是相互关联的,如果其中一个部件安装不当,可能会对其他部件造成损坏。例如,如果风机安装位置不准确,可能导致与冷却塔或冷凝器的正常运行产生干涉,进而导致设备损坏。通过监督与验收,可以确保各个部件的安装位置和布局合理,避免因为错误安装而对其他部件造成损坏。

3. 预防潜在的危险

空调系统的安装不仅关乎设备的运行,也直接涉及人员的安全。例如,如果电缆线路没有正确接地或安装不当,可能会导致电击等危险情况。通过监督与验收,可以确保电气部分的安装符合安全规范,预防潜在的危险发生。

4. 保护环境

空调系统在运行过程中会排放废热和废水等副产品,如果安装不当,可能会对环境造成污染。通过监督与验收,可以确保废热和废水的排放符合环保要求,

保护环境的同时也保障系统的正常运行。

（二）确保空调系统的性能达标

空调系统的性能直接关系到系统的运行效果和使用效果，因此，在安装完成后需要进行验收，以确保系统的性能达到预期目标。

空调系统的制冷和制热效果是用户使用的重要指标之一。通过对空调系统的验收，可以检查系统的制冷量和制热量是否符合设计要求，并与实际需求相匹配。如果制冷或制热效果不达标，可能会导致室内温度无法达到预期，影响使用者的舒适度和工作效率。

1. 检查空气流量

空调系统的空气流量对于室内空气质量和舒适度也至关重要。通过验收，可以检查系统的空气流量是否满足设计要求，确保室内空气能够得到充分循环和净化，避免出现通风不畅或空气污染等问题。

2. 确保能效性能

空调系统的能效性能直接关系到能源的消耗和运行成本。通过验收，可以检查系统的能效性能是否达到设计要求，确保系统在运行过程中能够有效利用能源，降低能源消耗和运行成本。

3. 验证控制功能

空调系统的控制功能是实现温度、湿度等参数调节的关键。通过验收，可以验证系统的控制功能是否正常，如温度设定、湿度控制、风速调节等，以确保使用者能够方便地对系统进行操作和调节。

通过对空调系统的验收，可以确保系统的性能参数符合设计要求，能够满足使用者的需求。这不仅可以提高室内环境的舒适度和使用体验，还能够降低运行成本，实现节能减排的目标。因此，对空调系统的性能进行验收具有重要的意义。

（三）提高空调系统的效率

空调系统的效率直接关系到能源的消耗和运行成本。为了提高系统的效率，降低能耗，监督与验收非常重要。

1. 检查安装质量

通过监督与验收,可以检查空调系统的安装质量是否达到优良水平。特别是对于制冷剂管道的连接和绝缘、风管的密封、电缆线路的接地等方面进行检查,避免系统存在漏气、漏电等问题,确保系统正常运行。

2. 优化设备布局

通过监督与验收,可以评估空调系统的设备布局是否合理。例如,室外机的摆放位置、风机盘管的设置等都会影响系统的运行效率。通过优化设备布局,最大限度地减少风阻和管道长度,提高系统的运行效率。

3. 确保空气循环和净化

空调系统在运行过程中需要进行空气循环和净化,以保证室内空气的质量。通过监督与验收,可以确保系统的风机和过滤设备正常运行,及时更换或清洗过滤器,保持空气流通畅通,提高室内空气质量。

4. 优化控制策略

空调系统的控制策略直接影响到能源的消耗和系统的效率。通过监督与验收,可以检查系统的控制策略是否合理,如温度、湿度、风速等参数的设定和调节方式。通过优化控制策略,最大限度地利用系统的能效特性,减少能源的浪费,提高系统的运行效率。

(四)保证室内环境的舒适度和健康性

空调系统的安装质量直接关系到室内环境的舒适度和健康性。为了保证用户在使用空调系统时能够获得良好的舒适感和健康环境,监督与验收非常重要。具体意义如下。

1. 确保温度均匀分布

通过监督与验收,可以检查空调系统的风口设置、风管的布局等,以确保室内空气温度能够均匀分布。避免因为安装不当导致部分区域温度过高或过低,影响用户的舒适度。

2. 控制噪声水平

空调系统的运行噪声是影响室内环境舒适度的重要因素之一。通过监督与验收,可以检查系统的风机、压缩机、传动装置等是否存在噪声问题,确保系统的运行噪声在可接受范围内,不会对用户造成干扰和不适。

3. 提供优质空气

空调系统除了调节温度外,还要能够提供清新、洁净的室内空气。通过监督与验收,可以检查过滤器的安装和使用情况,确保过滤器的有效性和清洁度。同时,也需要确保排风系统和通风设备正常运行,及时排除室内的有害气体和异味,保障室内空气的质量。

4. 避免漏水和污染

空调系统的安装质量也直接关系到漏水和污染问题的防控。通过监督与验收,可以检查系统的排水管道和冷凝水处理装置是否安装正确,并确保其正常运行。避免因为漏水和污染导致室内环境的恶化和健康问题的出现。

通过以上措施,可以保证空调系统能够提供舒适的室内环境,避免因为安装不当而导致的温度不均匀、噪声过大、空气污染等问题。这不仅能够提升用户的使用体验和满意度,还能够保障用户的健康和舒适度。因此,通过监督与验收,确保空调系统安装质量符合要求具有重要意义。

三、空调系统的安装质量监督与验收的步骤

(一)施工前准备

1. 制定验收计划

在施工前,应制定详细的验收计划。验收计划应包括验收的时间节点、验收的范围和内容,以及验收所需的人员和资源等。通过制定验收计划,可以明确整个验收过程的安排和流程,确保验收工作有序进行。

2. 明确验收内容

在制定验收计划时,需要明确验收的内容。例如,设备安装、管道连接、电缆敷设、温度控制、噪声控制、空气质量等方面的验收内容。明确验收的内容有助于指导施工过程中的各项工作,以确保符合验收要求。

3. 确定验收方法

针对不同的验收内容,需要确定相应的验收方法和手段。例如,对于设备安装,可以通过实地观察和测量来验证设备位置和固定情况;对于管道连接,可以进行压力测试和泄漏检测;对于温度控制,可以使用温度计和控制系统进行测量和调试等。确定验收方法,可以确保验收工作的科学性和准确性。

4. 规定验收标准

在制定验收计划时,需要明确验收的标准和要求。验收标准可以根据相关的设计规范、标准和合同要求来确定。例如,设备安装是否符合施工图纸和规范要求,管道连接是否牢固、密封,温度控制是否达到预期目标等。通过规定验收标准,可以对施工过程进行有效监控和评估,确保质量符合要求。

（二）监督施工

1. 监督计划

制定监督计划,明确监督的时间节点和内容。监督计划应包括监督的起止时间、监督的频率,以及监督的重点和关注点等。通过制定监督计划,可以合理安排监督工作,确保对施工全过程进行有效监督。

2. 施工图纸和规范

监督施工时,需根据相关的施工图纸和规范进行比对和验证。确保施工过程中的设备安装位置、管道连接、电缆敷设、温度控制等各项工作符合设计要求和规范要求。如发现不符合的情况,及时提出整改要求,并跟进整改过程。

3. 质量检查

进行质量检查,对施工质量进行评估和监督。通过实地检查和测量,验证设备安装是否牢固稳定、管道连接是否密封、电缆敷设是否规范等。对不符合要求的问题,要求及时整改并记录整改情况。

4. 安全监督

在施工过程中,进行安全监督,确保施工人员遵守相关的安全操作规范和措施。对危险品的储存和处理、设备悬挂和固定等环节进行监督,预防事故的发生。

5.进度控制

监督施工进度,确保施工按照计划进行。及时发现施工中的延误或偏差,并与施工方进行沟通协调,确保项目能够按时完成。

（三）完成安装后的初步验收

1.设备位置

检查设备的位置是否符合设计要求和相关规范。验证设备是否安装在适当的位置,如室内机和室外机的距离、高度等。确保设备的安装位置不会影响正常运行或产生安全隐患。

2.管道连接

检查管道连接的质量和完整性。确认管道连接是否牢固、密封,无泄漏现象。通过目视检查和压力测试等方法,验证管道连接是否满足要求,并及时发现并处理可能存在的问题。

3.电缆敷设

检查电缆的敷设情况和连接质量。确保电缆敷设整齐、规范,没有松动或绞接过紧的情况。同时,验证电缆的连接是否正确,不得有错接、短路或断路等问题。

4.安全检查

进行安全检查,确保安装工程符合相关的安全要求和规范。检查设备和管道的固定情况,防止松动或脱落。同时,检查电气设备的接地情况和绝缘性能,确保安全可靠。

5.功能测试

进行初步的功能测试,验证设备的基本运行是否正常。通过操作控制系统、调节温度等,检查设备的制冷、制热效果,确保其符合设计要求。

（四）系统性能测试

1.温度测试

使用温度计或温度传感器对室内各个区域的温度进行测量。确保室内温度达到预期的设定值,并验证不同区域之间的温度差异是否在合理范围内。

2.湿度测试

使用湿度计或湿度传感器对室内空气的湿度进行测量。检查室内湿度是否在舒适范围内,避免出现过高或过低的情况。同时,还需验证空调系统的湿度控制功能是否正常工作。

3.风速测试

使用风速计或风速传感器对送风口的风速进行测量。确保送风口的风速符合设计要求,以满足室内空气流通和舒适性的需要。同时,还需检查不同区域的风速分布是否均匀。

4.制冷量和制热量测试

通过使用热电偶、流量计等测试仪器,对空调系统的制冷量和制热量进行测量。确保系统能够提供符合设计要求的制冷和制热效果,满足室内温度控制的需要。

5.控制系统功能测试

对空调系统的控制系统进行功能测试,验证各种模式(制冷、制热、通风)的切换和调节是否正常工作。同时,还需检查温度设定、湿度设定和定时开关等功能是否可靠。

（五）文件核对

1.施工图纸核对

仔细查阅施工图纸,核对施工过程中的设备位置、管道连接、电缆敷设等是否与图纸一致。确保安装工程按照设计要求进行,没有偏离或误差。

2.安装记录核对

查看安装记录和施工日志,了解安装过程中的具体操作和措施。核对安装记录中的关键步骤和要求,以确保安装工程的合规性和质量。

3.质量检验报告核对

检查质量检验报告,验证安装过程中的质量检查结果。确认质量检验报告中记录的问题是否得到及时处理和整改,并核实相应的整改情况。

4.材料和设备验收报告核对

查看材料和设备的验收报告,确保所使用的材料和设备符合相关标准和规范要求。验证验收报告中的信息和记录是否完整准确。

5.监理和业主意见记录核对

查阅监理和业主的意见记录,了解施工过程中的问题和反馈。核对这些记录,确保相关问题得到及时解决,并采取适当的纠正措施。

（六）缺陷整改

1.缺陷识别和记录

通过验收过程、文件核对、检查和测试等方法,识别出存在的问题和不合格项,并详细记录下来。确保对所有缺陷都有明确的了解和掌握。

2.整改方案制定

针对每个缺陷,制定相应的整改方案。整改方案应包括具体的整改措施、负责人、时间计划和资源需求等。确保整改方案能够针对性地解决问题并达到验收标准。

3.资源调配和协调

根据整改方案,合理调配人力、物资和设备等资源,确保整改工作的顺利进行。同时,与相关方进行有效的协调和沟通,共同推进整改工作。

4.执行和监督

按照整改方案的要求,执行相应的整改措施,并进行监督和检查。确保整改工作按计划进行,严格把关整改质量。

5.验证和复查

在完成整改后,进行验证和复查,确认缺陷是否得到彻底解决。通过检查、测试等方法,验证整改的效果和质量,并与验收标准进行比对。

6.记录和报告

对整改过程进行记录,包括整改措施的执行情况、结果评估和复查结论等。及时向相关方报告整改工作的进展和结果,确保信息的透明和沟通的畅通。

（七）最终验收

1.验收计划

制定详细的验收计划,明确验收的时间、地点和参与人员等。确保验收工作有序进行,并能够充分覆盖安装工程的各个方面。

2.文件核对

查阅相关文件和记录,如施工图纸、安装记录、质量检验报告等,核对安装过程是否符合规范要求。确保文件的完整性和准确性,并与实际情况进行比对。

3.功能测试

对空调系统进行全面的功能测试,验证其各项功能和性能是否正常工作。包括制冷、制热、通风、湿度控制等方面的测试,确保系统能够满足设计要求和用户需求。

4.性能参数测试

使用相应的测试仪器,对空调系统的温度、湿度、风速、制冷量、制热量等性能参数进行测量和评估。与设计要求和相关标准进行比对,确认系统性能是否符合预期。

5.安全检查

进行安全检查,确保安装工程符合相关的安全要求和规范。验证设备和管道的固定情况,电气设备的接地和绝缘性能等,以确保系统的安全可靠性。

6.隐蔽工程检查

对隐蔽工程进行检查,如隐藏在墙壁、天花板或地板内的管道、电缆等。通过非破坏性检测方法,确认隐蔽工程的质量和完整性。

7.业主验收

邀请业主或使用者参与最终验收过程,听取他们的意见和反馈。确保业主对安装工程的满意度,并解答他们可能存在的问题。

（八）验收报告

编写验收报告,记录验收结果、存在的问题和整改情况。

1. 验收结果

在验收报告中，首先要明确表述验收的结果，包括安装工程的合格性或不合格性。根据实际的检查、测试和评估结果，给出具体的结论，确认系统是否符合设计要求和相关标准。

2. 存在的问题

详细列举出在验收过程中发现的问题和不合格项。对每个问题都要进行准确的描述和分类，指明问题的性质、原因以及可能的影响。确保问题的描述准确完整，并与实际情况相符。

3. 整改情况

针对发现的问题和不合格项，记录整改措施和进展情况。对已经完成的整改工作进行总结，包括采取的具体措施、整改的时间和责任人等。同时，对尚未完成的整改工作，明确下一步的计划和时间安排。

4. 建议和意见

根据验收过程中的经验和发现的问题，提出建议和改进意见。对于可能存在的改进方案或加强措施，给出明确的建议，以促进安装质量和工程管理的提升。

5. 验收结论

在验收报告的结尾，给出最终的验收结论。根据对安装工程的全面评估和整改情况的考虑，确认系统是否达到验收标准并具备投入使用的条件。

第十章　工程特种设备质量控制

第一节　质量控制的基本原则和方法

一、质量控制的概念

（一）质量控制的定义

质量控制是指在产品或工程项目的整个生命周期中，通过制定和执行一系列的措施和方法，以确保产品或项目达到预定的质量要求和标准的过程。它涵盖了从设计、制造、安装、调试到运行维护等各个环节，旨在识别和纠正潜在的问题，以提高产品或项目的质量和可靠性。

质量控制的目标是保证产品或项目满足用户需求，并使其符合相关法律法规、标准和技术规范。它不仅仅是检查和纠正产品缺陷，更重要的是通过预防和改进措施来降低质量风险，确保产品或项目的稳定性和可持续发展。

（二）质量控制的内容

质量控制是指通过一系列的管理活动和方法，以确保产品或服务符合预定质量标准的过程。它涉及监测、评估和改进产品或服务的各个方面，从而最大限度地满足客户需求并提高组织的竞争力。

1. 质量计划

质量控制的第一步是制定质量计划。质量计划明确了产品或服务的质量目标、标准和要求，确定了质量控制的方法和流程，以及相关人员的责任和角色分工。

2.质量检测

质量控制的核心是质量检测,即对产品或服务进行实际的检验和测试。这包括原材料的检查、生产过程中的抽样检验、成品的全面检测等环节,以确保产品或服务的质量符合预期。

3.过程控制

除了对产品或服务的最终结果进行检测外,质量控制还需要关注整个生产过程的控制。通过建立有效的过程控制机制,可以及时发现和纠正生产过程中的问题,防止不良品的产生,提高产品或服务的稳定性和可靠性。

4.错误预防

质量控制还包括对潜在错误的预防工作。通过分析过去的质量问题和故障原因,采取相应的纠正措施,加强培训和技术支持,以减少错误的发生率,并提高产品或服务的可靠性和稳定性。

5.数据分析

质量控制需要对收集到的质量数据进行分析和评估。通过统计分析和趋势分析,可以了解产品或服务的质量状况,找出潜在的问题和改进机会,为决策提供依据。

6.持续改进

质量控制是一个持续的过程,需要不断地进行改进。通过收集反馈意见、开展客户满意度调查、组织质量审核等方式,识别和推动改进机会,不断提高产品或服务的质量水平和客户满意度。

(三)质量控制的重要意义

1.提高产品或服务的质量

质量控制的核心目标是确保产品或服务符合预定的质量标准。通过严格的质量检测和过程控制,可以有效降低产品或服务的缺陷率,提高其可靠性和稳定性。这不仅能够增强产品的市场竞争力,还能够赢得客户的信任和满意度。

2.减少成本和资源浪费

质量控制可以帮助企业及时发现和纠正生产过程中的问题,避免不良品的产生。这有助于减少废品、返工和退货等不必要的成本和资源浪费,提高生产效率和利润率。

3.增强客户满意度

质量控制通过提供高质量的产品或服务,能够满足客户的需求和期望,从而提升客户满意度。满意的客户往往会成为忠诚的顾客,并愿意推荐企业的产品或服务给他人,为企业带来更多的业务机会和市场份额。

4.建立良好的品牌形象

质量控制是企业建立良好品牌形象的基础。通过提供高品质的产品或服务,企业可以树立起信誉良好的品牌形象,从而增强在市场上的竞争力和声誉。良好的品牌形象不仅能够吸引更多的客户,还能够为企业赢得合作伙伴的信任和支持。

5.降低质量风险

质量问题可能导致产品召回、投诉和法律纠纷等风险。通过实施有效的质量控制措施,企业可以及时发现和解决潜在的质量问题,减少质量风险的发生,并保护企业的声誉和利益。

6.推动持续改进

质量控制强调持续改进的理念,鼓励企业不断追求卓越。通过收集质量数据、进行数据分析和评估,企业可以识别出存在的问题和改进机会,并采取相应的措施进行改进。持续改进有助于企业适应市场变化、提高效率和创新能力,保持竞争优势。

二、质量控制的基本原则

1.客户导向

质量控制的首要原则是以客户为中心。企业应该深入了解客户的需求和期望,并将其作为质量标准的基础。通过满足客户的需求,企业可以提高客户满意度,增强市场竞争力。

2.过程管理

质量控制应该从整个生产和服务过程着手,而不仅仅是对最终产品或服务进行检验。通过对每个环节进行严格的管理和监控,可以确保整个过程的稳定性和一致性,从而提高产品或服务的质量。

3.预防为主

预防问题比事后纠正更加经济和有效。质量控制应该注重预防,通过采取合适的措施来防止质量问题的发生。这包括建立健全的工艺流程、培训员工技能、使用高质量的原材料等。

4.持续改进

质量控制是一个不断改进的过程。企业应该持续监测和评估质量水平,发现问题并采取纠正措施。同时,要鼓励员工提出改善意见,并营造一个积极的学习和创新的环境。

5.数据驱动

质量控制需要依靠数据来支持决策和改进。通过收集、分析和利用相关数据,可以更好地了解生产和服务过程中存在的问题,并及时做出调整和优化。

6.团队合作

质量控制需要全员参与和团队合作。每个员工都应该承担起质量责任,积极参与质量管理活动。同时,要加强内部沟通和协作,建立跨部门合作机制,共同推动质量提升。

7.标准化管理

质量控制需要建立一套明确的标准和规范,以指导和规范各项工作。这包括产品或服务的技术标准、操作规程、检验方法等。通过标准化管理,可以提高工作的一致性和可比性,降低变异性和错误率。

8.合作伙伴关系

质量控制不仅限于企业内部,还需要与供应商、合作伙伴等外部利益相关者建立良好的合作关系。通过与外部合作伙伴共同努力,可以提高整个供应链的质量水平,实现共赢。

三、质量控制的方法与工具

（一）质量控制的方法

质量控制是企业确保产品或服务达到预期质量标准的重要管理活动。为了实现有效的质量控制，企业可以采用多种方法来监控和改进质量水平。

1. 检验抽样

检验抽样是通过从生产批次或服务中随机选取一部分样本进行检测，以评估整个批次或服务的质量水平。这种方法适用于大规模生产和服务过程，可以有效地节省成本和时间。

（1）有限抽样

根据一定的统计方法确定需要抽取的样本数量，并进行严格的检验，判断是否合格。

（2）无限抽样

按照一定的频率对样本进行抽取，直到满足一定的质量要求为止。

2. 统计过程控制（SPC）

统计过程控制是通过收集和分析过程中产生的数据，以及应用统计方法来监控和控制质量。

（1）确定关键过程参数(KPC)

确定对产品或服务质量有重要影响的关键因素。

（2）收集数据

通过设立数据收集点，收集关键过程参数的数据。

（3）绘制控制图

使用统计方法绘制控制图，显示关键过程参数的变化趋势和异常情况。

（4）分析控制图

通过分析控制图上的规律和异常，判断过程是否处于可控状态，并采取相应的纠正措施。

3. 六西格玛（Six Sigma）

六西格玛是一种以数据驱动的质量管理方法，旨在通过减少缺陷和变异性来提高质量水平。它基于DMAIC的五个阶段。

(1)定义(Define)

明确项目目标、界定问题范围,确定关键性质量特性和客户需求。

(2)测量(Measure)

收集并分析数据,了解当前过程的性能水平和存在的问题。

(3)分析(Analyze)

分析数据,找出导致问题的根本原因,并确定改进机会。

(4)改进(Improve)

制定并实施改进措施,验证改进效果。

(5)控制(Control)

建立稳定的控制系统,确保改进持续有效。

4.故障模式与影响分析(FMEA)

故障模式与影响分析是一种系统化的方法,用于识别和评估潜在故障模式及其对产品或服务的影响。它包括以下几个步骤。

(1)识别故障模式

确定可能出现的故障模式。

(2)评估风险

评估每个故障模式的严重性、发生频率和检测能力,计算风险指数。

(3)制定改进措施

根据风险指数,制定相应的改进措施来降低故障发生的可能性和影响程度。

5.系统审核

系统审核是通过对企业质量管理体系进行定期审核,以确保其符合相关标准和要求。主要包括内部审核和外部审核两种形式。

(1)内部审核

由内部人员对质量管理体系进行审核,发现问题并提出改进建议。

(2)外部审核

由第三方机构对质量管理体系进行独立审核,评估其符合性和有效性。

以上是常用的质量控制方法,企业可以根据自身需求和情况选择适合的方法来监控和改进质量。同时,需要注意不同方法之间的综合应用,以实现更全面和有效的质量控制。

(二)质量控制的工具

1.流程图

流程图是一种常用的工具,用于图形化地描述和展示产品或服务的生产过程。通过绘制流程图,可以清晰地展示每个环节的输入、输出和操作步骤,帮助人们更好地理解整个流程。

在质量控制中,流程图可以起到以下几个作用。

(1)可视化流程

通过流程图,可以将复杂的生产或服务过程简化为图形化的形式,使其更加易于理解和沟通。相关的操作步骤、流程顺序和关键节点可以清晰地展示出来,有助于团队成员之间的协作和理解。

(2)识别问题点

绘制流程图时,可以通过标注各个环节的关键性质量特征和要求,以及可能存在的问题点。这有助于快速定位潜在的问题,并提前采取预防措施,避免问题进一步扩大。

(3)发现改进机会

通过观察流程图,可以发现一些低效或不必要的环节和操作。这些环节可能导致资源浪费、增加错误发生的概率,从而降低了整体质量水平。绘制流程图有助于识别这些改进机会,优化流程,提高效率和质量。

(4)标准化管理

流程图可以作为标准化管理的依据。通过绘制流程图,可以明确每个环节的责任人、操作规程和质量要求,使工作流程更加标准化和规范化。这有助于保证产品或服务的一致性和可靠性。

在绘制流程图时,需要注意以下几点。

(1)简洁明了

流程图应该简洁明了,尽量用简单的图形和符号表示,不过度复杂化。这样可以避免造成困扰和误解。

(2)准确性

流程图应该准确地反映实际生产或服务过程中的每个环节和操作步骤。它应该是一个客观的描述,能够真实地展示出整个流程。

(3)可更新性

随着生产或服务过程的改进和优化,流程图也需要进行相应的更新。因此,流程图应该具备易于修改和更新的特点。

2.帕累托图

帕累托图(Pareto Chart)是一种按照重要性排序的直方图,用于帮助识别和解决问题中最关键的因素。它基于帕累托原理,即二八定律(80/20法则),认为80%的问题通常由20%的原因引起。

绘制帕累托图的步骤如下。

(1)收集数据

首先需要收集相关的数据,这可以是质量问题、故障发生次数、客户投诉数量等与问题相关的统计数据。

(2)分类排序

将收集到的数据按照不同的分类进行排序,例如根据问题类型、发生地点、原因等。

(3)绘制直方图

使用垂直柱状图来表示每个分类的数量或频率。柱状图的高度代表了问题的数量或频率。

(4)添加累计曲线

在柱状图上添加一个累计曲线,该曲线表示各个分类的累计百分比。

(5)标记重要性

通过对柱状图和累计曲线进行观察,找出最重要的几个分类。通常情况下,柱状图上较高的柱子和累计曲线上较陡峭的部分表示了最重要的因素。

帕累托图的作用是帮助决策者识别优先解决的问题和改进机会。通过该图,可以清晰地了解哪些问题对整体质量影响最大,并有针对性地采取措施。

在使用帕累托图时,需要注意以下几点。

(1)确定数据的准确性

要确保所使用的数据准确可靠,以避免错误的结论。

(2)合理选择分类

分类应该能够涵盖所有的相关因素,并且足够具体,以便能够有效地分析和解决问题。

(3)持续更新

随着时间的推移,问题和原因可能会发生变化。因此,帕累托图需要定期更新,以保持其准确性和实用性。

帕累托图是一种简单但有效的质量控制工具,可以帮助企业识别重要的问题和改进机会,从而集中资源解决最关键的因素,提高质量水平和效率。

3. 散点图

散点图(Scatter Plot)是一种用来展示两个变量之间关系的图表。它通过在坐标轴上绘制一系列数据点,其中每个点的位置由两个变量的值确定。散点图可以帮助我们观察和分析两个变量之间的相关性、趋势和离群点等信息。

绘制散点图的步骤如下。

(1)收集数据

首先需要收集两个变量的相关数据。这可以是任何数值型数据,如销售额和广告投入、温度和销售数量等。

(2)确定横纵坐标

根据所研究的问题,确定哪个变量作为横坐标,哪个变量作为纵坐标。通常将自变量放在横轴,因变量放在纵轴。

(3)绘制数据点

根据收集到的数据,在坐标轴上绘制相应的数据点。每个数据点的横纵坐标分别表示两个变量的值。

(4)观察趋势

观察散点图中的数据点分布,判断是否存在某种趋势或模式。如果数据点呈现线性分布,可能存在正相关或负相关;如果数据点呈现聚集或扩散,可能存在其他类型的相关性。

(5) 分析离群点

在散点图中，如果存在与其他数据点明显不同的孤立点，称为离群点。分析离群点的原因和影响，可以帮助我们了解特殊情况和异常值。

通过散点图，我们可以得到以下几个方面的信息。

(1) 相关性

观察散点图中数据点的分布趋势，可以初步判断两个变量之间是否存在相关性。如果数据点整体呈现线性或曲线趋势，可能表示两个变量之间存在相关关系。

(2) 异常值

散点图中的离群点可能代表了异常情况或特殊情况。通过分析这些离群点，可以了解导致其出现的原因，并采取相应的措施。

(3) 趋势预测

基于散点图中的趋势，可以进行一定程度的趋势预测。例如，如果数据点呈现上升趋势，可能可以预测随着自变量的增加，因变量也会增加。

需要注意的是，散点图只能展示两个变量之间的关系，对于多个变量之间的复杂关系，需要使用其他图表或分析方法。

绘制和分析散点图时，需要考虑以下几个要点。

(1) 数据质量

确保收集到的数据准确可靠，不存在错误或缺失。

(2) 样本大小

样本大小越大，散点图的结果越有代表性和可靠性。

(3) 趋势判断

在观察散点图中的趋势时，需要谨慎评估相关性，并进行进一步的统计分析来验证结论的显著性。

通过绘制散点图，我们可以更好地理解两个变量之间的关系，并基于此进行决策、预测和改进。

4. 控制图

控制图 (Control Chart) 是一种用来监控过程稳定性和变异性的图表，通过绘制实际观测值和控制限的曲线,帮助我们了解过程的性能和偏离情况。常用的控制图包括平均图(X-bar Chart)、范围图(R-chart)、标准差图(S-chart)等。

不同类型的控制图适用于不同的数据类型和目的,下面分别介绍三种常用的控制图。

(1)平均图(X-bar Chart)

平均图用于监控连续型数据的平均值。它通过绘制样本平均值的变化情况和控制限,判断过程是否处于可控状态。

步骤:

①收集一系列样本数据,并计算每个样本的平均值。

②绘制平均图,将样本平均值作为数据点,以时间或样本序号为横轴,平均值为纵轴。

③根据过程稳定性和期望性能,确定控制限,通常包括上限(UCL)和下限(LCL)。

④观察数据点是否在控制限内,如果超出控制限,则可能存在特殊因素或异常情况,需要进行进一步分析和改进。

(2)范围图(R-chart)

范围图用于监控连续型数据的变异性。它通过绘制样本范围的变化情况和控制限,判断过程是否具有稳定的变异性。

步骤:

①收集一系列样本数据,并计算每个样本的范围(最大值减去最小值)。

②绘制范围图,将样本范围作为数据点,以时间或样本序号为横轴,范围为纵轴。

③根据过程稳定性和期望性能,确定控制限,通常包括上限(UCL)和下限(LCL)。

④观察数据点是否在控制限内,如果超出控制限,则可能存在特殊因素或异常情况,需要进行进一步分析和改进。

(3)标准差图(S-chart)

标准差图也用于监控连续型数据的变异性,与范围图相比,标准差图更适用于样本容量较小或不均衡的情况。

步骤：

①收集一系列样本数据，并计算每个样本的标准差。

②绘制标准差图，将样本标准差作为数据点，以时间或样本序号为横轴，标准差为纵轴。

③根据过程稳定性和期望性能，确定控制限，通常包括上限(UCL)和下限(LCL)。

④观察数据点是否在控制限内，如果超出控制限，则可能存在特殊因素或异常情况，需要进行进一步分析和改进。

控制图的应用可以帮助我们及时发现和纠正过程中的异常情况，确保过程处于可控状态，提高产品或服务的质量和一致性。同时，还需注意控制图的使用要点。

①确定控制限。

控制限的确定应基于统计方法，并结合实际情况和目标要求。常用的控制限有三倍标准差法、西格玛法等。

②选择合适的控制图。

根据数据类型、样本容量和目的，选择适合的控制图来监控过程的稳定性和变异性。

③周期性更新。

随着数据的积累和过程改进，需要定期更新控制图，以反映最新的情况和改进效果。

通过控制图的使用，企业可以实现对生产或服务过程的有效监控，及时发现问题并采取相应的改进措施，以确保过程的稳定性和质量的一致性。

5. 核查单（Checklist）

核查单是一种系统化记录问题和解决方案的工具，用于确保在特定任务或过程中所有关键步骤和要求得到满足。它是一个列有需要检查、验证或执行的项目列表，帮助人们遵循标准程序和规范，提高工作的一致性和可靠性。

使用核查单的主要目的如下。

（1）确保完整性

核查单可以帮助人们确保每个步骤和要求都被认真考虑和执行。通过逐项核对，可以减少遗漏和疏忽，确保任务的完整性。

（2）提高一致性

通过使用核查单，不同的人员在执行相同任务时可以遵循相同的流程和标准。这样可以提高工作的一致性，减少差异和错误。

（3）增强可追溯性

核查单可以作为一个记录工具，记录任务执行的详细情况。这有助于事后回顾和审查，并提供追踪任务进展和质量控制的依据。

编制核查单时，应注意以下几点。

（1）明确任务目标

核查单应根据具体的任务目标和要求进行编制。明确需要核查的关键步骤、标准和要求。

（2）简明扼要

核查单应具有清晰、简洁的格式，使人们能够快速理解和使用。每个项目应该用简短的语句描述，并尽量避免歧义。

（3）逻辑顺序

核查单的项目应按照逻辑顺序排列，使得任务执行者能够按照正确的步骤执行。

（4）可更新性

核查单应根据任务的改进和演变进行定期更新。随着经验积累和不断改进，可以添加新的项目或调整现有项目。

（5）多方参与

在编制核查单时，最好邀请相关人员参与，以确保涵盖了所有必要的项目和要求。

核查单可广泛应用于各个领域和行业，如生产流程、质量检查、项目管理、安全管理等。它可以帮助组织和个人提高工作效率、减少错误，并确保任务的质量和一致性。同时，定期审查和更新核查单也是保持其有效性和适应性的关键。

6. 5W1H 法

5W1H法是一种常用的问题分析方法,通过提出谁、什么、何时、何地、为什么和如何这六个问题,来全面分析和解决问题。它可以帮助梳理问题的背景、原因和解决方案,促进团队思考和讨论。

(1)谁(Who)

这个问题关注的是问题的相关人员或参与者。需要明确问题涉及的人员,例如责任人、受影响的利益相关者等。

(2)什么(What)

这个问题关注的是问题的具体内容。需要明确问题的具体描述、特征、目标和影响。

(3)何时(When)

这个问题关注的是问题发生的时间。需要明确问题的发生时间点或时间范围,以及问题的持续时间。

(4)何地(Where)

这个问题关注的是问题发生的地点。需要明确问题的发生地点或地域范围。

(5)为什么(Why)

这个问题关注的是问题的原因和根本原因。需要深入分析问题的产生原因,找出问题的根源。

(6)如何(How)

这个问题关注的是问题的解决方法和步骤。需要确定解决问题的具体措施、资源需求和执行计划。

通过回答这六个问题,可以全面了解问题的各个方面,并为问题的分析和解决提供有力支持。5W1H法可以应用于各种问题,例如项目管理、质量改进、故障排除等。它可以促进团队成员共同思考和讨论,确保对问题的全面理解,从而更好地制定解决方案并推动实施。

7. 根本原因分析(RCA)

根本原因分析(Root Cause Analysis,RCA)是一种系统性的方法,旨在找出问题发生的根本原因,以便采取相应的纠正措施,避免问题再次发生。常用的工具包括鱼骨图(Ishikawa Diagram)、5Why法等。

(1)鱼骨图

鱼骨图是一种图形化工具,也被称为因果图或鱼骨图。它通过将问题作为鱼骨的"脊椎",并将潜在原因作为"鱼刺"连接到脊椎上,来帮助识别问题的根本原因。

通常的鱼骨图包括以下几个方面的因素:人员(People)、方法(Methods)、材料(Materials)、机器(Machines)、测量(Measurements)和环境(Environment),这些因素也被称为"6M"。

(2)5Why法

5Why法是通过反复追问"为什么"来深入挖掘问题的根本原因。当一个问题的原因被确定后,继续问"为什么"直至无法再得到新的原因。经过多轮的追问,"为什么"的答案逐渐向问题的根源靠近,最终找到问题的根本原因。

根本原因分析的步骤如下。

(1)确定问题

首先明确问题的具体描述和影响。

(2)收集数据

收集与问题相关的数据和信息,包括事实、观察和记录。

(3)利用工具

使用鱼骨图等工具来分析问题,找出可能的根本原因。

(4)进行5Why分析

通过反复追问"为什么",逐步深入挖掘问题的根本原因。

(5)验证根本原因

验证找到的根本原因是否真正解释了问题的发生。

(6)提出纠正措施

根据根本原因分析的结果,制定相应的纠正措施,以避免问题再次发生。

根本原因分析需要团队合作,涉及多方的参与和讨论。它可以帮助识别和解决问题的根本原因,而不仅仅是应对表面症状。通过采取针对性的纠正措施,可以有效地改善过程和系统,提高质量和效率。

8. 头脑风暴

头脑风暴是一种集思广益的创新工具,旨在通过组织一个团队会议,鼓励成员自由发表想法和观点,从而产生创新的解决方案。它可以帮助打破传统思维模式,激发创造力,促进团队合作和思维的多样性。

头脑风暴的基本原则如下。

(1)自由发散

鼓励参与者尽可能多地提出各种各样的想法,不加限制地发挥创造力。在这个阶段,不对任何想法进行批评或评价,以避免压抑创新。

(2)鼓励联想

参与者可以根据其他人提出的想法进行联想,并衍生出新的创意。这种联想可以有助于扩大思考的范围,激发更多的创新想法。

(3)建立积极氛围

创造一个开放、尊重和鼓励的氛围,使每个人都感到舒适并愿意分享自己的想法。这有助于释放团队成员的创造力和积极性。

(4)留意数量和质量

在头脑风暴的过程中,同时关注想法的数量和质量。要鼓励多样性和创新,但也要确保想法是可行的、实用的。

使用头脑风暴时,可以遵循以下步骤。

(1)定义问题或目标

明确需要解决的问题或达到的目标。

(2)组织团队会议

邀请相关人员参加头脑风暴会议,并设定时间和地点。

(3)说明规则和目标

向团队成员介绍头脑风暴的原则和目标,确保大家理解并愿意积极参与。

(4)自由发散想法

鼓励每个人尽可能多地提出各种各样的想法和解决方案,记录下来。

(5)讨论和补充

在想法被提出后,进行讨论和进一步的联想,以补充和丰富想法。

(6)归纳和筛选

整理和归纳所有的想法,并进行筛选和评估,确定最具潜力的解决方案。

(7)制定行动计划

根据选定的解决方案,制定相应的行动计划,并分配任务和责任。

头脑风暴可以帮助团队充分发掘创新潜力,产生多样化的解决方案。它也可以促进团队的凝聚力和协作精神,提高问题解决的效率和质量。

9.设计实验

设计实验是一种有目的地进行试验以验证假设和优化过程的方法。它通过合理设计试验方案,可以快速获取数据并优化质量控制策略。

设计实验的主要目标如下。

(1)验证假设

通过对不同变量、因素或条件的调整,设计实验来验证特定的假设或猜想。通过实验结果的分析和比较,可以确定是否存在显著差异,并验证假设的有效性。

(2)优化过程

设计实验还可以用于优化生产或服务过程,找到最佳的参数设置或操作条件,以提高产品质量、降低成本或提高效率等。

在设计实验时,需要考虑以下几个关键方面。

(1)目标和假设

明确实验的目标和所要验证的假设。这有助于确定实验的范围和重点。

(2)变量和水平

确定需要考虑的自变量(即影响因素)和其各个水平(即取值范围)。这有助于设计实验方案,以覆盖可能的影响范围。

(3)样本容量

根据统计学原理和预期效应大小,确定适当的样本容量。样本容量越大,实验结果的可靠性越高。

(4)随机化和对照组

在实验设计中,随机化是一种减少偏差和外界因素影响的方法。同时,为了验证效果,可以设置对照组作为参照。

(5)数据收集和分析

确定需要收集的数据类型和数据收集方法,并选择适当的统计分析方法来解读实验结果。

(6)实验执行和记录

根据设计方案进行实验,并及时记录实验过程、操作细节和观察结果。这有助于后续的数据分析和结论推断。

通过合理设计实验,我们可以更好地理解问题或现象,验证假设并获得实验数据来支持决策和改进。设计实验也有助于提高质量控制策略的有效性和效率,从而优化生产或服务过程。

10.问卷调查

问卷调查是一种收集客户反馈和意见的方法。通过设计合适的问卷,可以了解客户对产品或服务的满意度、需求以及其他相关信息,为质量改进提供依据。

进行问卷调查时,需要注意以下几个方面。

(1)目标和研究问题

明确问卷调查的目标和所要解决的研究问题。这有助于确定问卷内容和设计。

(2)问题设计

设计问题时,需要保持问题简明扼要、清晰易懂,并确保涵盖所有关键领域。问题类型可以包括选择题、开放式问题、评分题等。

(3)问卷结构

合理组织问卷结构,将相关问题按照逻辑顺序排列。可以采用分块、分节等方式,使受访者能够顺利完成问卷。

(4)选取样本

根据调查目标和受众群体,选择适当的样本。样本应具有代表性,能够真实反映整体受众的观点和意见。

(5)保障数据质量

在问卷调查中,需要采取措施确保数据的准确性和可靠性。例如,设置必答题、逻辑跳转、匿名性保护等。

(6)数据分析和解读

在问卷调查结束后，对收集到的数据进行统计分析和解读。可以使用各种数据分析方法，例如频率分析、相关性分析等，以获取有关受众观点和意见的深入洞察。

问卷调查是一种灵活且经济高效的数据收集方法。它可以帮助企业了解客户需求、评估产品或服务的满意度，并为质量改进提供决策依据。通过合理设计问卷和正确分析数据，我们可以从客户的角度获得有价值的信息，以优化产品或服务，提升客户体验和满意度。

第二节　设计阶段的质量控制

一、设计前的准备工作

（一）明确需求

1. 与用户沟通

与项目的利益相关者(包括最终用户、业务代表等)进行积极的沟通和交流，以了解他们的期望、需求和问题。这可以通过会议、访谈、问卷调查等方式进行。

2. 规范需求文档

将收集到的需求编写成清晰、具体、可测量的需求规格说明书。需求规格说明应包括功能需求、非功能需求(如性能、安全性、可靠性等)、界面需求等。确保需求规格说明书易于理解和验证。

3. 分析和澄清需求

对收集到的需求进行深入分析和澄清。识别其中的模糊、冲突或不完整之处，并与相关人员共同解决。这可以通过进一步的讨论、追问、场景建模等方法来实现。

4. 验证需求

在明确需求后，进行需求验证，确保需求规格说明与用户期望一致。这可以通过评审、原型演示、模拟和测试等方式进行。验证的目标是检查需求的完整性、一致性和可测性。

5.管理变更

需求可能会在项目周期内发生变化。因此,需要建立有效的变更管理机制,确保任何需求的变更都经过评估、记录和控制。这样可以避免无计划的变更对设计过程产生不必要的影响。

6.持续跟踪

需求的理解和明确是一个持续的过程。在设计过程中,应与相关利益相关者保持沟通,及时了解需求变化,并及时更新设计以满足新的需求。

(二)确定设计目标

1.收集相关信息

了解项目的背景和上下文,包括业务需求、用户需求、市场竞争情况等。与利益相关者和领域专家进行沟通,获取关于设计目标的必要信息。

2.定义目标

基于收集到的信息,明确设计的目标。这可以是性能要求(如响应时间、吞吐量)、可靠性要求(如系统的可用性、容错性)、安全要求(如数据保护、身份验证)等。目标应该具体、可测量和可验证。

3.分析约束条件

确定设计的约束条件,包括技术限制、资源限制、时间限制等。这些约束条件将影响设计的可行性和可行范围,需要在设计中予以考虑。

4.制定优先级

对设计目标进行优先级排序,确保关注和满足最重要的目标。这有助于资源和时间的合理分配,并确保设计过程的有效性。

5.参考标准和最佳实践

查阅相关的标准和最佳实践,以获得指导和建议。这些标准可以是行业标准、技术标准、设计模式等。参考标准有助于确保设计符合行业的规范和标准。

6.与利益相关者协商

与项目的利益相关者讨论和确认设计目标和约束条件。他们的反馈和意见可以提供更全面和客观的视角,帮助优化和调整设计目标。

(三)制定设计规范和标准

1.编码规范

建立统一的编码规范,包括命名约定、缩进风格、注释规范等。编码规范应该具体明确,易于理解和遵循。

2.命名规范

制定命名规范,确保命名一致、有意义且易于理解。例如,使用有意义的变量名、函数名和类名,避免使用含糊不清或过于简单的名称。

3.架构规范

定义系统的整体架构规范,包括层次结构、模块划分、接口定义等。架构规范应考虑到系统的可扩展性、可维护性和性能要求。

4.设计原则和模式

明确并推广适用的设计原则和模式,例如 SOLID 原则、DRY(Don't Repeat Yourself)原则、设计模式等。这些原则和模式可以提供设计的指导和最佳实践。

5.文档标准

规定设计文档的格式、结构和内容,以确保设计文档的一致性和可读性。例如,制定统一的模板和章节结构,明确各个部分的要求和内容。

6.工具和技术标准

选择并规范设计过程中使用的工具和技术。这包括绘图工具、建模工具、版本控制系统等。确保团队成员都能熟练使用这些工具,并按照标准进行操作。

7.培训和意识培养

向团队成员提供相关培训,确保他们理解并遵守设计规范和标准。通过内部交流和分享经验,增强团队成员对设计规范的意识和重视。

8.定期审查和更新

定期审查和更新设计规范和标准,以适应新的技术和行业发展。随着项目的推进和经验的积累，可能需要调整和完善设计规范和标准。

（四）确定设计方法和工具

1. 结构化设计（Structured Design）

该方法侧重于将系统划分为模块并建立模块之间的关系。它通常使用流程图、数据流图等工具来描述系统的结构和功能。

2. 面向对象设计（Object-Oriented Design）

该方法将系统看作是由对象组成的，对象之间通过消息传递进行交互。它强调封装、继承和多态等面向对象的特性，并使用类图、时序图等工具来描述对象和它们之间的关系。

3. 模式驱动开发（Pattern-Driven Development）

该方法利用已经被广泛验证的设计模式来解决常见的设计问题。它鼓励重用和共享设计经验，并使用模式目录、模式语言等工具来支持模式的应用和实现。

4. 敏捷设计（Agile Design）

该方法强调快速迭代和持续反馈，在设计过程中允许灵活地调整和改进设计。它通常与敏捷开发方法(如Scrum)相结合，使用用户故事、原型等工具来促进团队合作和用户参与。

5. UML（统一建模语言）

UML是一种通用的面向对象建模语言，它提供了一套标准化的图形符号和规范，可用于描述系统的结构、行为和交互。在设计过程中，使用UML类图、时序图、活动图等工具可以帮助团队进行可视化的设计和沟通。

（五）风险评估和管理

1. 识别风险

通过与项目团队成员、利益相关者以及相关领域专家的沟通和讨论，识别可能存在的风险。这些风险可能涉及技术、资源、进度、需求变更等方面。

2. 评估风险

对已经识别的风险进行评估，确定其潜在的影响程度和发生概率。可以使用定性和定量的方法,如风险矩阵、概率分析等来评估风险。

3. 制定风险管理策略

根据风险的严重程度和发生概率,制定相应的风险管理策略。常见的策略包括避免、减轻、转移和接受等。例如,对于高风险的问题,可以采取额外的措施来降低风险;对于无法避免的风险,可以考虑购买保险或寻找合作伙伴来共同分担风险。

4. 实施风险管理计划

根据制定的风险管理策略,实施相应的措施。这可能包括改进设计、增加测试和验证活动、优化资源分配等。

5. 监控和更新

持续监控项目进展和风险情况,及时调整风险管理策略。随着项目的进行,新的风险可能出现,而已有的风险也可能发生变化。因此,风险评估和管理是一个持续的过程。

二、设计过程中的质量控制

(一)迭代和增量开发

1. 划分迭代

将整个设计过程划分为多个迭代阶段,每个迭代都有明确的目标和交付物。根据项目的需求和复杂性,确定每个迭代的时间周期,通常在几周到几个月之间。

2. 需求收集和分析

在每个迭代开始时,与相关利益相关者合作,收集和分析需求。这包括理解用户需求、功能和性能要求等。通过与利益相关者的沟通,确保对需求的共识和理解。

3. 设计

在每个迭代中进行设计活动。根据需求和项目约束条件,制定系统结构和模块划分方案。可以使用工具如流程图、数据流图、UML等来可视化设计思路,并与团队成员进行评审和讨论。

4. 评审

在每个迭代的设计阶段结束时,进行设计评审。团队成员及其他相关人员对设计方案进行审查,提出改进意见和建议。评审旨在发现潜在问题并提供反馈,以便及时进行调整和改进。

5. 测试

每个迭代的测试是一个重要环节,它帮助发现设计中的问题和错误。根据设计方案,开展单元测试、集成测试和系统测试等活动。测试结果反馈给团队,用于修复和优化设计。

6. 迭代交付

在每个迭代结束时,通过交付可工作的产品或功能,向利益相关者展示进展。这有助于及早获得反馈并验证设计的正确性和有效性。

(二)设计评审

1. 确定评审范围

在设计评审之前,明确评审的范围和目标。这可以包括架构设计、接口设计、数据模型设计等各个方面。根据项目需求和阶段性目标,确定需要评审的具体内容。

2. 邀请评审人员

确定评审人员,他们应该包括与设计相关的专家和利益相关者。评审人员应具备相关领域的知识和经验,并能够提供有价值的意见和建议。确保评审人员的多样性,涵盖不同角色和视角。

3. 准备评审材料

为评审会议准备设计文档和相关资料。这些材料应清晰、详细地描述设计方案,包括图表、说明和解释等。确保材料的完整性和易于理解。

4. 召开评审会议

安排评审会议的时间和地点,并确保评审人员的参与。会议应按照预定的议程进行,由主持人引导讨论和审查设计方案。评审人员可以就设计的合理性、一致性、可行性等方面提出问题和意见。

5.记录评审结果

在评审会议中，记录评审人员的意见和建议。这可以通过会议纪要或评审报告来完成。确保记录清晰准确，以便后续追踪和处理。

6.处理评审反馈

根据评审结果，团队应及时处理评审人员提出的问题和建议。这可能需要修改设计方案、调整设计决策或进行额外的研究和验证。确保对评审反馈进行适当的跟进和响应。

7.迭代评审

在设计过程中，定期进行评审，并随着设计的演进而更新和完善设计方案。每次迭代评审都应该反映前一次评审的反馈和改进。

（三）建立原型

1.确定原型类型

根据设计的需求和目标，确定使用哪种类型的原型。常见的原型类型包括纸质原型、线框图、可点击原型和高保真原型等。选择合适的原型类型可以更好地满足设计团队和利益相关者的需求。

2.制作原型

根据设计方案，使用相应的工具或软件制作原型。对于简单的界面设计，可以使用纸质原型或线框图进行快速制作；对于复杂的交互功能，可以使用专业的原型设计工具如Axure RP、Sketch、Adobe XD等进行制作。

3.进行用户测试

一旦原型制作完成，就可以邀请用户参与测试。通过让用户与原型进行交互，收集他们的反馈和意见，以评估原型的可用性和用户体验。用户测试有助于发现潜在问题并改进设计。

4.修正和优化

根据用户反馈和测试结果，对原型进行修正和优化。这可能涉及界面调整、功能改进或用户体验的优化等方面的工作。通过不断迭代和改进，使原型更贴近最终设计目标。

5. 展示和演示

在团队内部或与利益相关者之间展示和演示原型，以便让他们更好地理解和评估设计方案。可以通过演示交互流程、展示界面效果和模拟用户体验等方式，向他们展示设计的想法和功能。

（四）设计模式的应用

1. 创建型模式

创建型模式主要关注对象的实例化过程。例如，工厂模式可以帮助我们封装对象的创建逻辑，使得代码更具灵活性和可扩展性。单例模式则确保一个类只有一个实例，这在需要共享资源或限制对象数量时非常有用。

2. 结构型模式

结构型模式关注如何将类和对象组合成更大的结构。例如，适配器模式可以帮助我们将不兼容的接口转换为可兼容的接口，以实现不同类之间的协作。装饰器模式可以动态地为对象添加额外的功能，而无须修改其原始类。

3. 行为型模式

行为型模式关注对象之间的通信和协作。例如，观察者模式可以建立一种一对多的依赖关系，当一个对象的状态发生变化时，其他依赖对象都会收到通知。策略模式可以让我们定义一系列可互换的算法，根据需求选择合适的算法。

4. 重构模式

重构模式关注如何对已有代码进行改进和优化。例如，提取方法可以将重复的代码提取到一个独立的方法中，增强了代码的可读性和可维护性。替换继承关系可以使用组合或接口实现更灵活的类结构。

（五）代码质量管理

1. 使用合适的编码规范

采用一致的编码风格和规范可以提高代码的可读性和可维护性。选择一种流行的编码规范，如Google编码规范或PEP 8(Python编码规范)，并在整个项目中保持一致。

2. 添加详细的注释

良好的注释可以解释代码的意图、功能和特殊考虑事项。请确保注释清晰明了，准确描述代码的目的，并避免使用模糊或不必要的注释。

3. 编写清晰的文档

除了注释外，还应编写更详细的文档来描述代码的整体结构、功能和用法。这可以包括 API 文档、用户手册或技术文档等。好的文档可以帮助其他开发人员更容易地理解和使用代码。

4. 进行代码审查

代码审查是团队成员之间相互检查代码以寻找潜在问题和改进的过程。通过定期进行代码审查，可以发现和纠正错误、改进设计，并确保代码符合最佳实践和标准。

5. 实施单元测试

单元测试是一种测试方法，用于验证代码中各个独立的单元(函数、类等)是否按预期工作。编写和执行单元测试可以帮助发现和修复潜在的缺陷，并提高代码的可靠性和稳定性。

6. 自动化构建和集成

使用自动化构建和集成工具，如持续集成(CI)系统，可以确保代码在每次提交后自动构建、运行测试并进行静态分析。这有助于尽早发现和解决问题，减少错误的传播，并促进团队合作。

7. 使用代码质量工具

使用代码质量工具，如静态代码分析工具、代码覆盖率工具等，可以帮助检测潜在的代码问题和不良实践。这些工具可以自动化地评估代码质量，并提供改进建议。

8. 持续改进

持续改进是一个重要的过程，旨在不断提高代码质量。通过跟踪缺陷、收集反馈、评估指标和回顾经验，用户可以识别问题，并采取适当的措施来改进代码质量。

（六）性能优化和测试

在设计过程中，考虑系统的性能需求是非常重要的。以下是一些性能优化的方法和测试方案，以确保设计满足性能需求并验证其正确性。

1. 性能优化方法

(1) 代码优化

通过使用更高效的算法和数据结构，减少不必要的计算和内存使用来提高系统性能。

(2) 并发处理

利用多线程或分布式架构，使系统能够同时处理多个任务，从而提高性能。

(3) 缓存机制

使用缓存来存储频繁访问的数据，减少对数据库或其他资源的访问次数，提高响应速度。

(4) 异步处理

将一些耗时的操作放入后台线程或队列中进行异步处理，避免阻塞主线程，提升系统的并发性能。

(5) 数据库优化

合理设计数据库结构、索引和查询语句，以提高数据库的读写性能。

(6) 网络优化

通过使用CDN(内容分发网络)等技术来加速数据传输，减少网络延迟。

2. 测试方案

(1) 单元测试

针对每个模块或函数编写单元测试用例，验证其功能是否正确，以及性能是否满足要求。

(2) 集成测试

将各个模块组合起来进行整体测试，验证它们之间的交互是否正常，并检查系统的性能表现。

(3)性能测试

使用工具模拟真实场景,对系统进行负载测试和压力测试,以评估其在高负载情况下的性能表现和稳定性。

(4)验收测试

根据需求和设计规范,验证系统是否满足性能需求,并确保功能的正确性。

通过以上的性能优化方法和测试方案,可以确保系统在设计过程中满足性能需求,并验证其正确性和性能。同时,持续监测系统的性能,及时发现并解决潜在的性能问题,以提供更好的用户体验。

三、设计文档的审查与验证

(一)设计文档的审查

1.确定审查人员

邀请相关的技术人员、领导和项目相关方参与审查会议。确保有足够的专业知识和经验来评估设计文档。

2.分发设计文档

提前将设计文档分发给所有参与审查的人员,以便他们有时间仔细阅读和准备反馈意见。

3.制定审查指导方针

在会议之前,制定一份审查指导方针,明确审查的重点和要求。例如,一致性、清晰度、可读性和可理解性等。

4.会议组织

安排一个合适的时间和地点,召开审查会议。确保会议室设备齐全,并准备好记录会议讨论和决策的工具。

5.会议议程

准备一个详细的会议议程,包括对每个章节或模块进行逐一审查的计划。确保会议有条不紊地进行,并按计划完成审查。

6.问题讨论和记录

在审查过程中,鼓励与会人员提出问题、疑虑和建议。确保记录下所有讨论的问题和意见,以备后续跟进。

7.决策和行动计划

根据审查会议的结果,对设计文档中发现的问题进行决策,并制定相应的行动计划。确定责任人和时间表,以解决问题并改进设计文档。

8.审查报告和跟进

整理审查会议的讨论和决策结果,撰写一份审查报告。将报告分发给相关人员,并追踪问题的解决情况和设计文档的改进。

(二)验证设计文档

1.模型验证

使用形式化方法,将设计文档中的模型转化为数学模型,并进行验证。这种方法可以通过数学推理和验证工具来检查模型的正确性和一致性。

2.仿真实验

使用仿真工具或平台对设计文档进行仿真实验。通过模拟实际系统运行情况,验证设计的功能是否满足需求,以及系统的性能、可靠性和安全性等方面的要求。

3.单元测试

针对设计文档中的各个模块或组件编写单元测试用例,并进行测试。通过检查每个模块的功能是否按照设计要求正常工作,验证设计文档的正确性。

4.集成测试

将各个模块或组件组合起来进行集成测试。验证它们之间的交互是否正常,功能是否协调一致,以及性能和安全方面的要求是否得到满足。

5.性能测试

使用专门的性能测试工具或平台,对系统的性能进行测试。例如,通过模拟多用户同时访问系统,评估系统在高负载情况下的响应时间、吞吐量和资源利用率等指标。

6.安全测试

通过模拟各种攻击场景,对系统的安全性进行测试。验证设计文档中的安全机制和措施是否能够有效防御潜在的安全威胁,并确保系统在受到攻击时能够正常运行。

(三)更新和维护设计文档

1.及时记录变更

在设计过程中,如果有任何变更或优化,确保及时记录下来,并更新设计文档。这包括添加新功能、修改现有功能、改进性能等方面的变更。

2.版本控制

使用版本控制系统(如Git)来管理设计文档的版本。每次更新都应该创建一个新的版本,并记录变更的详细信息。这样可以方便回溯和对比不同版本之间的差异。

3.维护文档结构

设计文档应该有清晰的结构,包括目录、章节和子章节等。当有新的内容添加或旧的内容修改时,确保相应地更新文档的结构,使其易于阅读和理解。

4.补充示例和图表

设计文档中可以包含示例代码、流程图、类图等辅助说明。当有需要时,补充或更新这些示例和图表,以更好地展示设计的实现方式和逻辑关系。

5.解决矛盾和冲突

如果设计文档中存在矛盾或冲突的信息,确保及时解决并更新文档。这可能涉及与团队成员或相关方进行沟通和讨论,以达成一致。

6.定期审核和更新

定期对设计文档进行审核和更新。这可以是每个迭代周期结束后、每个发布版本完成后或根据需要进行的定期活动。确保设计文档与实际设计结果保持同步。

7.建立反馈渠道

为设计文档建立一个反馈渠道,鼓励团队成员和相关方提供意见和建议。这有助于发现潜在问题和改进设计文档的质量。

第三节　制造过程的质量控制

一、原材料的质量控制

1. 供应商选择与评估

选择可靠的供应商，并对其进行评估，包括考虑其质量管理体系、认证资质以及历史表现等方面。与供应商建立良好的沟通和合作关系，确保原材料的质量符合要求。

2. 原材料检验

对每批次的原材料进行检验，包括外观、尺寸、化学成分、物理性能等方面。可以使用各种检测手段和设备，如显微镜、色谱仪、光谱仪等。根据产品要求和相关标准，制定相应的检验标准和方法，确保原材料质量的稳定性和一致性。

3. 样品收集与保存

在原材料到货时，应采集一定数量的样品进行检验，确保样品代表整批原材料的质量。同时，对样品进行正确的保存和标识，防止样品受到污染或变质。

4. 追溯系统建立

建立原材料的追溯系统，记录原材料的来源、供应商信息、检验结果等重要数据。这样可以方便追踪和溯源，及时发现和解决原材料质量问题。

5. 不良品处理

对于不合格或有疑问的原材料，要及时做好记录，并进行相应的处理措施，如退货、重新检验等。确保不良品不会进入生产过程，防止影响最终产品的质量。

6. 持续改进

定期评估原材料的质量控制工作，并进行持续改进。根据实际情况，分析原材料质量问题的原因，并采取相应的纠正措施，提高原材料的质量水平。

二、制造工艺的质量控制

1. 生产计划与工艺设计

(1) 制定合理的生产计划

根据市场需求和企业实际情况,制定合理的生产计划。考虑到资源利用效率、设备能力、人力安排等因素,合理分配生产任务,避免过度生产或产能不足的问题。

(2) 设计优化的工艺流程

对于产品的制造工艺,进行合理的流程设计和优化。通过对工序的分析和改进,降低生产成本,提高生产效率和产品质量。

2. 设备选择与维护

(1) 合适的设备选择

根据产品特性和要求,选择适合的设备。确保设备的功能完善、性能稳定,并具备满足产品质量要求的能力。

(2) 定期维护与保养

建立设备维护计划,定期进行设备维护和保养工作,包括清洁、润滑、更换易损件等,确保设备正常运行,减少因设备故障引起的质量问题。

3. 生产过程控制

(1) 控制参数设定

确定关键的生产控制参数,如温度、压力、速度等。根据产品要求和工艺特性,设定合理的参数范围,并进行实时监测和调整,以保证产品质量的稳定性。

(2) 过程监控与记录

建立有效的过程监控系统,对关键环节进行实时监测和记录。通过数据采集、分析和反馈,及时发现生产过程中的异常情况,并采取相应的措施进行调整和纠正。

4. 品质管理与检验

(1) 建立品质管理体系

建立符合国家标准和行业要求的品质管理体系,包括制定质量标准和规范、建立检验方法和流程、培训员工等,以确保产品符合质量要求。

(2)产品检验与抽样

对成品进行抽样检验,确保产品的质量符合标准。同时,对关键工序进行必要的检验和监控,及时发现并解决问题,防止不合格品进入下一道工序。

5.持续改进

(1)过程分析与改进

通过数据分析和统计,对制造过程进行评估和改进。采用质量工具如散点图、流程图、控制图等,找出生产过程中的瓶颈和问题,并采取相应的措施进行改进。

(2)员工培训与参与

培养员工的质量意识和技能,提高其对质量控制的重视和参与度。定期组织培训和交流活动,加强员工的知识更新和技术交流,促进质量管理的不断提升。

三、制造环境的质量控制

(一)制造环境的重要性

制造环境的质量控制对于产品质量和生产效率具有重要影响,其重要性体现在以下几个方面。

1.影响产品质量

制造环境中的物理条件和设备状态直接影响产品的加工过程和成品质量。例如,温度、湿度等环境参数的控制能够影响材料的性能和加工精度,而设备的运行状态和维护情况也会直接影响产品的质量。

2.影响工作效率

良好的制造环境可以提高员工的工作效率和生产能力。合适的环境条件可以减少操作员的疲劳感和错误率,提高工作效率和生产效益。

3.降低成本

通过控制制造环境,可以减少产品的次品率和废品率,降低生产成本。合理的环境控制还可以延长设备的使用寿命,减少维修和更换成本。

(二)制造环境的质量控制方法

为了保证制造环境的质量,需要采取一系列的质量控制方法。以下是几种常用的制造环境质量控制方法。

1.环境参数监测与调节

对于关键的环境参数,如温度、湿度、压力等,应进行实时监测和调节。可以使用传感器和自动控制系统来监测环境参数,并及时调整空调、加湿器、通风设备等设备,以保持适宜的环境条件。

2.设备状态监测与维护

定期对生产设备进行检查和维护,确保设备处于良好的工作状态。可以采用预防性维护策略,根据设备的使用情况和维护手册制定维护计划,并进行定期的检修、清洁和润滑。

3.操作规范培训与执行

制定并培训员工遵守操作规范,确保生产过程的一致性和稳定性。员工需要了解并执行正确的操作步骤,遵循安全规程和质量标准,以确保产品质量和工作效率。

4.检验与测试

建立完善的产品检验和测试体系,对原材料、中间产品和最终产品进行全面的检验和测试。可以使用各种测量仪器和设备,如计量仪表、X射线检测设备等,确保产品符合质量要求。

5.数据分析与持续改进

收集和分析制造环境和产品质量的数据,并进行持续改进。可以利用统计方法和质量管理工具,如六西格玛、PDCA循环等,找出问题的根本原因并采取相应的改进措施。

四、制造过程的检验与测试

(一)制造过程检验与测试的重要性

制造过程检验与测试对于产品质量和生产效率具有重要影响,其重要性体现在以下几个方面。

1.发现问题和纠正偏差

通过检验与测试，可以及时发现制造过程中的问题和偏差，并采取相应的纠正措施。例如，对原材料的检验可以避免使用不合格的材料，对工艺参数的测试可以调整和优化加工过程，从而提高产品的质量和一致性。

2.确保产品符合标准

制造过程的检验与测试可以确保产品符合相关标准和规范。通过检验和测试，可以验证产品是否满足设计要求、功能要求和安全要求等，从而保证产品的质量和可靠性。

3.控制生产过程

通过对制造过程的检验与测试，可以实时监控生产过程的关键参数和指标，并及时调整和控制。这有助于提高生产过程的稳定性和一致性，减少产品的次品率和废品率。

4.数据分析与持续改进

通过对制造过程的检验与测试所得到的数据，可以进行数据分析和持续改进。通过统计分析和质量管理工具，如六西格玛、PDCA循环等，可以找出问题的根本原因，并采取相应的改进措施，提高产品质量和生产效率。

（二）制造过程检验与测试的方法

制造过程的检验与测试方法多种多样，根据不同的产品和生产环境选择合适的方法。以下是几种常用的制造过程检验与测试方法。

1.物理检验

物理检验是通过观察和测量产品的外观、尺寸、重量、硬度等物理特性来判断产品质量。例如，使用显微镜、卡尺、天平等仪器进行观察和测量，确保产品的尺寸精度和物理性能符合要求。

2.化学分析

化学分析是通过化学试剂和仪器对产品的化学成分进行分析和检测，以确保产品的成分符合要求。例如，使用光谱仪、质谱仪等设备对产品进行分析，判断产品的纯度和组分。

3.功能测试

功能测试是通过模拟产品的使用环境和工作条件,对产品的功能进行测试和验证。例如,对电子产品进行功耗测试、温度测试、振动测试等,以确保产品在各种条件下都能正常运行和达到设计要求。

4.可靠性测试

可靠性测试是通过对产品进行长时间、大量的使用测试,模拟产品在实际使用中可能遇到的各种情况和负载。例如,对汽车零部件进行振动疲劳测试、高温老化测试等,以评估产品的寿命和可靠性。

5.统计过程控制

统计过程控制是通过对制造过程中的关键参数进行统计分析和控制,以保证生产过程的稳定性和一致性。例如,使用控制图、过程能力指数等方法,监控和调整生产过程的关键参数,确保产品的一致性和稳定性。

(三)制造过程检验与测试的实施步骤

制造过程检验与测试的实施步骤包括以下几个方面。

1.制定检验与测试计划

根据产品的特性和生产过程的要求,制定相应的检验与测试计划。明确需要检验和测试的项目、方法和频次,确定所需的检测设备和仪器。

2.进行检验与测试

按照检验与测试计划进行检验和测试工作。严格按照标准操作程序进行操作,记录和保存测试数据和结果。

3.分析检验与测试结果

对检验与测试结果进行分析和评估。与产品设计要求和相关标准进行比较,确定是否符合要求。

4.纠正问题和改进措施

根据检验与测试结果,及时纠正制造过程中的问题和偏差,并采取相应的改进措施。例如,调整工艺参数、更换设备、培训员工等。

5.持续改进

通过持续监控和分析检验与测试结果，不断优化和改进制造过程。使用质量管理工具和方法，如六西格玛、PDCA循环等，找出问题的根本原因并采取相应的改进措施。

第四节　安装与调试的质量控制

一、安装前的准备工作

1.确定安装目标

明确安装的目标和要求，包括所需的功能、性能和规格等。这有助于确定所需的材料和设备，并为后续的安装过程提供指导。

2.准备材料和设备

根据安装目标，准备所需的材料和设备。这可能包括电缆、接头、固定件、工具等。确保所使用的材料和设备符合相关标准和规范，并检查其质量和完整性。

3.制定安装计划

制定详细的安装计划，包括工作流程、时间安排、人员分配等。确保安装过程按照计划进行，并合理安排资源，以提高效率和质量。

4.进行现场勘察

在实际进行安装之前，进行现场勘察，了解环境条件和特殊要求。这可以帮助识别潜在的问题和风险，并采取相应的措施来解决或规避这些问题。

5.做好安全准备

确保安装现场符合安全标准和规定，提供必要的安全设备和防护措施。培训相关人员，使其了解安全操作规程，并确保所有人员遵守相关规定。

6.进行质量检查

在安装之前，进行质量检查，确保所使用的材料和设备符合质量要求。这可以包括对材料和设备的外观、尺寸、性能等方面进行检查和测试。

7. 建立沟通机制

建立与相关人员的有效沟通机制,确保各方之间的信息流畅和及时。这可以包括定期会议、进度报告、问题解决等方式,以便及时发现和解决潜在的问题。

二、安装过程的质量控制

1. 遵循安装规范和标准

在进行安装之前,要仔细阅读并理解相关的安装规范和标准。这些规范和标准通常包括具体的操作步骤、要求和技术参数等,遵循这些规范和标准可以确保安装的正确性和可靠性。

2. 使用合适的工具和设备

选择合适的工具和设备进行安装工作,确保其符合质量要求并且能够满足安装的需要。使用不合适或低质量的工具和设备可能导致安装质量下降或者出现问题。

3. 严格控制材料和设备的质量

对于所使用的材料和设备,要进行严格的质量控制。包括检查材料和设备的外观、尺寸、性能等方面,并进行必要的测试和验证。确保所使用的材料和设备符合质量要求,能够满足设计和功能需求。

4. 合理安排施工流程

制定合理的施工流程和安装顺序,确保各个环节的协调和衔接。这包括确定施工的先后顺序、人员的分工和配合等。合理安排施工流程可以提高效率,并减少错误和问题的发生。

5. 严格执行质量检查和测试

在安装过程中,要进行定期的质量检查和测试。这包括对已安装的部件、连接、线路等进行检查和测试,以验证其质量和可靠性。同时,要记录和跟踪检查和测试结果,及时发现和解决问题。

6. 强调安全意识和操作规程

在安装过程中,要强调安全意识和操作规程。确保所有参与安装的人员具备必要的安全知识和技能,并严格按照安全规定进行操作。避免因安全问题导致事故和质量问题的发生。

7.做好记录和档案管理

在安装过程中,要做好相关的记录和档案管理工作,包括施工日志、检查报告、测试数据等的记录和保存。这有助于追溯安装过程中的问题和质量信息,为后续的调试和维护提供依据。

三、安装后的调试与测试

1.验证安装质量

在开始调试和测试之前,要先进行安装质量验证。检查安装过程中的连接、固定和布线等是否符合规范和标准要求。确保设备安装牢固、接口连接正确,以及电缆布线无误。这可以通过目视检查、测量和测试等方法进行。

2.设备启动与初始化

在安装完成后,按照设备供应商或制造商提供的操作手册进行设备的启动和初始化。此过程包括检查设备的电源供应、信号连接、设置参数等,并确保设备能够正常启动和运行。

3.功能测试

进行功能测试是验证设备或系统是否按照预期功能运行的关键步骤。根据设计要求和用户需求,逐项测试设备的各项功能。对于复杂的系统,可以按照模块化的方式进行测试,分阶段地进行功能测试,确保每个功能都能正常工作。

4.性能测试

除了功能测试,还需要进行性能测试,以评估系统在不同负载和压力下的性能表现。这包括测试系统的响应时间、处理能力、稳定性等指标。性能测试可以通过模拟实际工作负载或使用专业的性能测试工具来进行。

5.软件调试与配置

对于涉及软件的系统,需要进行软件调试和配置。这包括检查和调整软件的设置参数、数据输入和输出的正确性,以及软件功能的逻辑正确性。同时,还要确保软件与硬件设备之间的协调和兼容性。

6. 数据采集与分析

在调试和测试过程中，要进行数据采集和分析。记录和分析设备的运行状态、输出结果、错误信息等数据，以便发现潜在问题和优化系统性能。利用数据分析工具进行数据处理和统计，得出相应的结论和建议。

7. 缺陷修复和优化

在调试和测试过程中，可能会发现一些缺陷或性能不足的问题。及时记录并报告这些问题，并与相关人员共同解决。通过修复缺陷和优化系统，使其达到预期的性能和功能要求。

8. 文档编制与交接

在调试和测试完成后，要编制相关的调试报告和测试报告。这些报告应包括调试和测试的步骤、结果、问题和解决方案等内容。同时，还要准备相关的操作手册和维护手册，以便系统的正常运行和后续的维护工作。

四、安装记录的管理与评估

（一）安装记录管理的方法与工具

为了有效地管理安装记录，企业可以采取以下方法与工具。

1. 文件管理

将安装记录以文件的形式进行管理，建立相应的档案和索引系统。确保文件的完整性、可读性和易于查阅，同时注意保密和备份。

2. 电子化管理

采用电子化管理的方式，将安装记录转化为电子文档或数据库，并利用信息化技术进行分类、检索和共享。这样可以提高管理的效率和便捷性，同时也节约了存储空间和纸质材料的消耗。

3. 物理标识

对于一些特殊设备或需要长期跟踪的项目，可以考虑在物理上进行标识，如贴上二维码、条形码等，以便于快速查找和识别。

（二）安装记录的评估

1.定义安装记录评估

安装记录评估是指对安装记录进行全面的审查和评估，以确保安装工作符合预期目标和标准要求。它包括但不限于以下内容：安装过程的合规性和规范性；安装过程中出现的问题和解决方案的有效性；安装结束后的测试和验收结果是否符合要求。

2.安装记录评估的重要性

进行安装记录评估的重要性主要表现在以下几个方面。

（1）发现问题和风险

通过对安装记录的评估，可以发现安装过程中存在的问题和潜在的风险。及时采取措施解决这些问题，可以避免后续运营中的故障和事故，保证设备和系统的正常运行。

（2）提高工作质量和效率

安装记录评估可以帮助企业发现工作中的不足和改进的空间，提高工作质量和效率。通过总结和分享安装过程中的经验和教训，可以避免重复犯错，提高整个团队的综合素质。

（3）客户满意度

安装记录评估有助于提高客户满意度。通过评估安装过程中的结果和问题解决情况，及时进行调整和改进，满足客户的需求和期望，增强客户对企业的信任和认可。

3.安装记录评估的方法与工具

（1）检查清单

制定相应的检查清单，包括安装过程中需要注意的关键点和标准要求。在评估过程中逐一核对，确保每个环节都符合预期目标。

（2）抽样评估

针对大型项目或频繁发生的安装工作，可以采取抽样评估的方式。随机选择一部分安装记录进行审查，以降低评估的成本和工作量，同时也能得到较为准确的评估结果。

(3)评估工具

可以借助一些专业的评估工具和软件,如流程图绘制工具、问题跟踪工具等,提高评估的准确性和效率。同时,还可以利用数据分析技术对安装记录进行挖掘和分析,发现隐藏在数据中的规律和问题。

第十一章 工程特种设备质量评价与监督

第一节 质量评价体系构建

一、特种设备质量评价概述

特种设备是指在工程领域中使用的具有一定专门功能和特殊用途的设备,如起重机械、电梯等。由于其特殊性和复杂性,特种设备的质量评价至关重要。

特种设备质量评价是对特种设备在设计、制造、安装和运行过程中的质量进行综合评估的过程。它旨在全面了解和评估特种设备的性能、安全性、可靠性和使用寿命等方面,确保特种设备符合相关的技术标准和法律法规要求,以保障人身安全和工程质量。

二、质量评价指标体系设计

在进行特种设备的质量评价时,需要建立一个科学合理的评价指标体系,以全面评估设备的性能、安全性、可靠性、维修保养和使用寿命等方面。本节将介绍设备性能指标、安全性指标、可靠性指标、维修保养指标和使用寿命指标。

(一)设备性能指标

设备性能是衡量设备能力和效果的重要指标。在特种设备质量评价中,常用的设备性能指标如下。

1.额定载荷

额定载荷表示设备所能承受的最大工作负荷。

2. 额定速度

额定速度表示设备的运行速度,影响设备的工作效率。

3. 精度

精度表示设备的工作精度和稳定性,如定位精度、测量精度等。

4. 效率

效率表示设备的能量转换效率或工作效率,如电梯的能耗、起重机械的升降速度等。

5. 响应时间

响应时间表示设备对操作指令的响应速度。

6. 自动化程度

自动化程度表示设备的自动控制程度和智能化水平。

这些性能指标可以根据不同的特种设备进行量化和评估,以便对设备的性能进行客观比较和评价。

(二)安全性指标

1. 结构强度

结构强度表示设备的结构是否满足承受工作负荷的要求,具有足够的强度和刚度。

2. 稳定性

稳定性表示设备在运行过程中是否稳定,避免倾覆、震动等问题。

3. 防护装置

防护装置表示设备是否配备了必要的安全防护装置,如安全门、警示灯、紧急停止按钮等。

4. 应急措施

应急措施表示设备在突发情况下的应急处理措施,如故障自动报警、紧急疏散通道等。

5. 人机界面设计

人机界面设计表示设备的操作界面是否符合人体工程学原理,便于操作和使用。

这些安全性指标可以通过检测、试验和文档审查等方式进行评价,以确保设备在使用过程中的安全性能。

(三)可靠性指标

可靠性是衡量设备运行连续性和稳定性的指标。常用的可靠性指标如下。

1. 故障率

故障率表示设备在特定时间内发生故障的概率。

2. 平均无故障时间(MTBF)

平均无故障时间表示设备平均连续工作时间,反映设备的稳定性和可靠性。

3. 维修时间

维修时间表示设备在发生故障后的修复时间,影响设备的可用性和生产效率。

4. 寿命曲线

寿命曲线表示设备的寿命分布情况,可以通过故障统计数据进行分析和评估。

这些可靠性指标可以通过实际运行数据、故障记录和维修保养情况等来评价,以判断设备的可靠性水平。

(四)维修保养指标

维修保养是保证特种设备长期正常运行的重要环节。常用的维修保养指标如下。

1. 维修保养周期

维修保养周期表示设备的维修保养时间间隔,如定期检查、润滑、更换部件等。

2. 维修保养成本

维修保养成本表示设备维修保养所需的费用,包括人力、材料和工时等。

3. 维修保养记录

维修保养记录表示设备的维修保养历史记录,用于追溯和分析设备的维修保养情况。

这些维修保养指标可以通过设备的维修保养记录和统计数据进行评价,以确保设备的正常维护和保养。

(五)使用寿命指标

使用寿命是特种设备能够正常运行的时间期限。常用的使用寿命指标如下。

1.设计寿命

设计寿命表示设备设计的预期使用寿命。

2.经济寿命

经济寿命表示设备在经济效益上能够使用的寿命。

3.实际寿命

实际寿命表示设备实际工作的时间期限,根据设备的维修保养和更新换代情况来评估。

这些使用寿命指标可以通过设备的设计规范、维修保养记录和更新换代计划等来评价,以确定设备的使用寿命和更替时机。

通过建立科学合理的质量评价指标体系,可以全面评估特种设备的性能、安全性、可靠性、维修保养和使用寿命等方面,为企业和用户提供参考和决策依据。同时,也有助于推动特种设备的技术创新和质量改进,提高设备的质量和安全水平。

三、质量评价方法与工具

(一)实验测试方法

实验测试是通过对特种设备进行实际操作和测试,获取相关的性能数据和指标,以评估设备的质量和性能。常用的实验测试方法如下。

1.载荷试验

通过给设备施加额定载荷或超载荷进行试验,测试设备的承载能力和稳定性。

2.速度测试

通过测量设备的运行速度,评估设备的工作效率和响应时间。

3.精度测试

通过比对测量值和标准值,评估设备的工作精度和测量精度。

4.故障模拟

通过人为制造故障或模拟特定工况,测试设备的故障处理能力和应急措施。

实验测试方法可以直接获取设备的实际性能数据,能够客观准确地评估设备的质量和性能。

(二)数据分析方法

数据分析方法是通过对特种设备的运行数据进行统计和分析,以获取有关设备质量和性能的信息。常用的数据分析方法如下。

1.故障率分析

通过对设备故障发生的频率、原因和影响进行统计和分析,评估设备的可靠性和维修保养情况。

2.维修记录分析

通过对设备维修记录和维修时间进行统计和分析,评估设备的维修保养状况和效果。

3.寿命曲线分析

通过对设备寿命分布情况的统计和分析,了解设备的使用寿命和更替时机。

数据分析方法可以利用设备运行数据和维修保养记录等信息,揭示设备存在的问题和不足之处,为改进措施提供依据。

(三)用户满意度调查

用户满意度调查是通过对特种设备的用户进行问卷调查或访谈,了解用户对设备质量和性能的评价和意见。常用的用户满意度调查方法如下。

1.问卷调查

设计合理的问卷,涵盖设备性能、安全性、可靠性、维修保养和使用寿命等方面,收集用户的反馈和评价。

2.访谈调查

与特种设备的用户进行深入交流和访谈,了解用户的真实需求、问题和建议。

用户满意度调查可以获取用户对特种设备的直接反馈和意见,为改进设备质量和性能提供重要参考。

(四)故障率统计方法

故障率统计方法是通过对设备发生故障的频率和原因进行统计和分析,以评估设备的可靠性和维修保养情况。常用的故障率统计方法如下。

1.故障率计算

根据设备运行时间和故障发生次数,计算设备的故障率和平均无故障时间。

2.故障模式分析

通过对故障发生的模式和原因进行分析,确定主要故障模式和改进方向。

故障率统计方法可以帮助评估设备的可靠性水平,为预防故障和改进维修保养提供依据。

第二节　质量监督的机制和手段

一、监督机制的建立

(一)法律法规的制定和完善

制定和完善法律法规是建立监督机制的基础。相关的法律法规应包括特种设备的设计、制造、安装、维修和使用等方面的要求和标准,明确各方的责任和义务。同时,还需要规定违反法律法规的处罚措施和责任追究机制,以强化监督的力度和效果。

在制定和完善法律法规时,应充分考虑国际标准和行业实践,确保法规的科学性、可操作性和适用性,促进特种设备行业的发展和提升。

1.涵盖全面

法律法规应覆盖特种设备生命周期的各个环节,包括设计、制造、安装、维修和使用等,确保全方位的监管和管理。

2.明确要求

法律法规应明确特种设备的质量标准、技术要求和安全措施等,为评价和监督提供明确的指导。

3.细化责任

法律法规应明确各方的责任和义务,包括设备制造商、销售商、使用者和监督部门等,确保每个环节都承担相应的责任。

4.强化监督

法律法规应设立违规行为的处罚措施和责任追究机制,加强对违规行为的惩戒力度,以提高监督的效果和威慑力。

5.国际对接

法律法规应参考和吸收国际标准和行业实践,与国际接轨,提高特种设备的质量水平和竞争力。

（二）监督部门的组织和职责

监督部门的组织和职责是建立监督机制的重要环节。特种设备质量评价与监督涉及多个方面,因此监督部门可以由政府部门、行业协会、专业机构等组成,各自承担不同的职责和任务。

1.监督设备设计

监督部门应对特种设备的设计进行审查和验证,确保设备的设计满足相关技术标准和法规要求。

2.监督设备制造

监督部门应对特种设备的制造过程进行检查和审核,确保制造过程符合质量管理体系的要求,并满足相关技术标准和法规要求。

3.监督设备安装

监督部门应对特种设备的安装过程进行检查和验收,确保安装符合技术要求和安全规范,并确保设备能够正常运行。

4.监督设备维护保养

监督部门应定期检查和审查特种设备的维护保养记录和操作程序,确保设备得到适当的维护和保养,保证设备的安全性和可靠性。

5. 监督设备使用

监督部门应对特种设备的使用情况进行检查和监控,确保设备在使用过程中符合安全规范和法律要求。

6. 处理事故与投诉

监督部门应负责处理特种设备相关的事故和投诉,开展调查并采取必要的处罚措施,以维护设备的安全性和用户的权益。

7. 提供技术指导和培训

监督部门应提供特种设备质量评价与监督方面的技术指导、培训和咨询服务,提升企业和用户的专业水平。

监督部门应建立健全的组织架构和工作机制,明确各级监督部门之间的协作关系和工作职责,确保监督工作的高效性和公正性。

通过建立专门的监督部门,明确其组织和职责,可以有效推动特种设备质量评价与监督工作的开展,加强对特种设备质量和安全的监管,从而保障人身安全和工程质量。

（三）监督制度的建立和执行

1. 制定监督标准和规范

(1)法律法规依据

制定监督标准和规范时,应参考和遵守国家法律法规,如特种设备安全法、特种设备制造许可管理条例等。这些法律法规对特种设备的设计、制造、安装和使用等方面有详细规定,应作为监督标准的依据。

(2)技术标准参考

特种设备行业通常有一系列的技术标准和规范,如国家标准、行业标准、企业标准等。这些技术标准包括了特种设备的设计要求、材料选择、制造工艺、安装方法、运行参数等方面的指导,可以作为监督标准和规范的参考依据。

(3)明确要求和指标

在制定监督标准和规范时,需要明确特种设备质量和安全方面的要求和指标。

这些要求和指标可以包括设备的设计强度、安全保护装置、运行参数、维修保养要求等,旨在确保特种设备能够满足相应的质量和安全标准。

(4)参与利益相关方

制定监督标准和规范时,应广泛征求各方意见,包括政府部门、行业协会、企业代表、专家学者等。通过多方参与,可以确保监督标准和规范的科学性、合理性和可操作性,得到各方的支持和认可。

(5)定期修订和更新

特种设备行业不断发展和创新,监督标准和规范也需要随之修订和更新。监督部门应定期评估监督标准和规范的适用性和有效性,根据实际情况进行修订和更新,以适应行业的变化和需求。

2.建立监督流程和程序

(1)设备许可证审批流程

明确设备许可证的申请和审批流程,包括申请材料的准备、申请途径、审批机构等。设立专门的审批部门或委员会,负责对申请进行评估,并决定是否颁发许可证。

(2)验收报告审核程序

在设备安装完毕后,进行验收工作。建立验收报告的审核程序,明确谁负责审核报告、审核的标准和流程,以及审核结果的记录和反馈方式。确保验收报告的准确性和完整性。

(3)定期检验安排

根据设备类型和使用环境,制定定期检验计划。明确检验的周期、内容和方法,并建立相应的安排程序。指定专业人员负责检验工作,对设备进行全面的检查和测试,确保其符合相关标准和要求。

(4)监督工作记录和反馈

建立监督工作的记录和反馈机制,包括设备许可证审批记录、验收报告审核记录、定期检验记录等。记录监督过程中的问题和发现,并及时进行反馈和处理。定期进行监督工作的评估和总结,不断完善监督流程和程序。

（5）培训和指导

为监督人员提供必要的培训和指导，使其了解特种设备的监管政策、标准和要求。确保监督人员具备专业知识和技能，能够有效地执行监督工作。

3.建立监督档案和数据库

（1）设备基本信息记录

建立设备基本信息的档案，包括设备名称、型号、制造商、出厂日期、安装地点等。确保每台设备都有唯一的标识码或编号，并将其与档案相对应，方便追踪和管理。

（2）检验记录

记录设备的定期检验情况，包括检验时间、检验结果、检验机构、检验人员等信息。确保检验记录的准确性和完整性，并及时更新到数据库中。

（3）维修保养记录

记录设备的维修保养情况，包括维修时间、维修内容、维修单位、维修人员等信息。对于关键部件和设备故障的处理情况，也需要进行详细记录。这些记录可作为设备运行状况评估的重要依据。

（4）安全事故记录

如有特种设备发生安全事故，需要将相关信息纳入监督档案和数据库。记录事故的发生时间、原因、损失情况以及事故调查和处理的结果。这有助于分析事故原因，采取相应的预防措施。

（5）数据库管理

建立专门的数据库系统，对设备监督档案进行管理和维护。确保数据的安全性和可靠性，定期备份和更新数据库，并设置权限控制，限制访问和修改权限，防止信息泄露或篡改。

4.加强监督人员的培训和专业能力提升

（1）建立培训计划

制定全面的培训计划，包括特种设备的相关法律法规、技术标准、安全管理要求等内容。培训计划应涵盖不同层次和职责的监督人员，根据其职位和工作需求进行分类和安排。

（2）提供专业知识培训

组织针对特种设备的专业知识培训，包括设备的原理、结构、操作流程等方面的知识。监督人员应了解设备的基本原理和运行机制，以便更好地评估设备的安全性和合规性。

（3）进行实践操作培训

为监督人员提供实践操作培训，让他们掌握设备检验、评估和维修等技能。通过实际操作，加深对设备的理解，并熟悉操作规程和安全注意事项。

（4）参与学术交流和研讨会

鼓励监督人员积极参与学术交流和行业研讨会，与同行和专家进行经验分享和学术讨论。这有助于拓宽视野，了解最新的技术发展和监管趋势。

（5）定期评估和提升

定期对监督人员进行绩效评估，并根据评估结果制定个别或集体培训计划。鼓励监督人员参加相关考试和认证，提升其专业能力和资质水平。

5.定期进行监督评估和改进

（1）设立评估机制

建立定期的监督评估机制，确定评估周期和评估内容。可以通过内部评估、第三方评估或组织自评等方式进行评估，以获取客观的评价结果。

（2）收集反馈意见

定期收集来自相关部门、用户和其他利益相关者的反馈意见。这些意见可以是对监督工作的满意度、存在的问题和改进建议等方面的反馈。通过梳理和分析这些反馈意见，识别问题并采取相应措施。

（3）分析数据和指标

对监督工作的数据和指标进行分析和评估。例如，设备合格率、事故发生率、检验合格率等指标可以用于评估监督工作的效果。通过比较历史数据和行业标准，找出改进的空间和重点领域。

（4）持续改进措施

根据评估结果和反馈意见，制定相应的改进措施和行动计划。这些改进可以涉及监督流程、人员培训、信息管理系统等方面。确保改进措施的可行性和有效性，并跟踪实施情况。

(5)经验分享和学习

鼓励监督人员进行经验分享和学习,通过组织会议、研讨会、案例分析等形式,促进相互之间的学习和借鉴。从其他行业或地区的最佳实践中吸取经验,为监督工作提供参考和启示。

二、监督手段的选择与应用

(一)检查和抽样检验

1.检查

监督部门可以进行定期或不定期的设备检查,以验证设备是否符合安全标准和规定。检查过程中,监督人员会对设备的外观、操作控制、安全装置等方面进行详细检查,并核实设备的相关文件和记录。

2.抽样检验

为了提高效率和覆盖范围,监督部门可以采取抽样检验的方式。抽样检验是从设备群体中随机选择一部分设备进行测试和评估。通过抽样检验,监督部门可以得出关于整个设备群体合规性的结论,并及时发现存在的问题。

3.关键部件检验

监督部门通常会对设备的关键部件进行重点检验。这些关键部件可能对设备的安全性和正常运行起到至关重要的作用。例如,对于压力容器,监督人员会检查其壁厚、焊缝质量等;对于起重机械,会检查其钢丝绳、制动器等关键部件。

4.性能评估

除了外观和关键部件的检查,监督部门还会对设备的性能进行评估。这包括设备的负载能力、工作效率、响应时间等方面的测试。通过性能评估,可以判断设备是否满足操作要求,并发现潜在的安全隐患。

5.操作程序审核

监督人员还会对设备的操作程序进行审核。他们将检查操作手册、维护保养记录、培训档案等文件,以确保设备的操作符合标准和规定。

（二）随机抽查和定期抽查

随机抽查和定期抽查是监督部门对设备运行情况进行评估的重要手段。以下是对这两种抽查方式的进一步说明。

1.随机抽查

监督部门可以通过随机抽查的方式选择一定比例的设备进行评估。这种抽查方式能够客观地反映整个设备群体的状况，避免了主观性和偏见的影响。通过随机抽查，监督部门可以获得设备运行的真实情况，并发现潜在的问题。

2.定期抽查

除了随机抽查，监督部门还可以定期抽查特定范围内的设备。定期抽查可以确保监督工作的连续性和全面性，有助于及时发现设备的问题和隐患。通过定期抽查，监督部门可以对设备的安全性、合规性和维护保养情况进行评估。

无论是随机抽查还是定期抽查，监督部门在抽查过程中通常会关注以下方面。

1.设备的安全状况

设备的安全状况包括设备是否存在损坏、老化、缺陷等情况，是否存在安全隐患。

2.设备的合规性

设备是否符合安全标准、法规和规定，是否获得合法许可证或证书。

3.维护保养情况

设备的维护保养记录是否完整，维护保养是否按照要求进行。

4.操作人员的培训和操作程序

设备操作人员是否经过培训，并按照正确的操作程序进行工作。

通过随机抽查和定期抽查，监督部门可以及时了解设备运行情况，发现存在的问题并采取相应措施。这些抽查方式能够提高监督工作的有效性和全面性，确保特种设备的安全运行和合规性。

（三）投诉处理和案件调查

1. 投诉处理

（1）建立投诉处理机制

监督部门应建立健全的投诉处理机制，明确接收、记录和处理投诉的程序和责任人员。投诉渠道可以包括电话热线、电子邮件、在线平台等多种形式，以便公众和利益相关者能够方便地提交投诉。

（2）及时记录投诉内容

监督部门应及时记录投诉的内容，包括投诉人的身份信息、投诉的具体问题和细节、投诉时间等。准确记录投诉内容有助于后续调查和处理工作的进行。

（3）调查和处理投诉

监督部门应按照规定的程序对投诉进行调查和处理。这可能涉及核实投诉的真实性、搜集相关证据、与相关当事人进行沟通等。在调查过程中，监督部门应秉持公正、客观、透明的原则，并严格按照法律法规的要求进行处理。

（4）解决问题和保障权益

投诉处理的目标是解决问题和保障公众和相关利益相关者的权益。根据调查结果，监督部门应采取相应的措施，包括发出警示通知、要求整改、罚款等，以确保问题得到妥善解决。

（5）沟通和反馈

监督部门应与投诉人进行及时沟通，并向其提供处理结果的反馈。及时沟通和反馈可以增强公众和利益相关者的信任，提高监管工作的透明度和效果。

2. 案件调查

（1）搜集证据

在案件调查中，监督部门需要搜集相关的证据，这可以包括文件、记录、照片、视频等。搜集到的证据将作为调查工作的基础，并用于分析和评估事实情况。

（2）调查事实

监督部门通过调查事实来了解事件发生的过程和原因。这可能涉及访谈涉事人员、目击者或相关当事人，调取相关资料和记录，以及现场勘察等。全面而准确地调查事实,有助于还原真相并确定责任。

(3)分析责任

在案件调查中,监督部门将根据搜集到的证据和调查所得的事实进行责任分析。这包括判断违规行为的性质、严重程度,以及涉事人员或单位的责任层次。通过责任分析,可以确定适当的处罚和措施,以维护特种设备的安全和秩序。

(4)采取措施

根据调查结果,监督部门将采取相应的措施来解决问题。这可能包括要求设备使用者整改违规行为,吊销或暂停许可证,罚款等。采取措施的目的是纠正问题,保障设备的安全运行和合规性。

(5)追究责任

在案件调查中,监督部门还将追究相关责任。这可能涉及对涉事人员或单位进行行政处罚、法律起诉等。通过追究责任,可以强化监管力度,维护特种设备监管的严肃性和公正性。

3.注意事项

(1)及时响应投诉

监督部门应及时回应和处理投诉,确保投诉人能够得到满意的答复和解决方案。

(2)公正、公平和透明

在进行投诉处理和案件调查时,监督部门应保持公正、公平和透明,依法行事,不偏袒任何一方。

(3)严格执法

对于违规行为和安全事件,监督部门应按照相关法律法规进行处理,确保执法的严肃性和效果性。

(4)配合其他部门

如果投诉或案件涉及其他相关部门,监督部门应积极配合并协同工作,形成合力,解决问题。

（四）罚款和处罚措施

1. 罚款

（1）违规行为

罚款通常针对特种设备存在严重安全隐患或违规行为的情况。这可能包括设备未按照要求进行定期检验、未获得合法许可证或证书、操作不符合标准等行为。

（2）法律依据

罚款必须依据相关的法律法规进行，并在明确的程序下实施。监督部门需要根据法律法规的规定，确定罚款的金额和执行方式。

（3）经济制裁

罚款作为经济制裁的手段，通过给予设备使用者或相关单位一定的经济处罚，来警示和迫使其加强对设备的管理和维护。罚款可以起到威慑效果，促使违规方改正行为，提升设备的安全性和合规性。

（4）罚款额度

罚款的金额应当根据违规行为的性质、严重程度和影响范围进行合理确定。罚款额度应当能够达到有效的经济制裁效果，同时也要考虑公平性和合理性。

（5）整改要求

除了罚款，监督部门还通常会要求设备使用者或相关单位进行整改。整改要求包括修复设备的安全隐患、更新许可证或证书、调整操作程序等。整改要求的目的是确保设备符合安全标准和规定。

2. 处罚措施

（1）暂停使用许可证

当特种设备存在严重安全隐患或违规行为时，监督部门可以暂停其使用许可证的效力。暂停使用许可证意味着设备暂时不能继续使用，直到整改完毕并重新获得监督部门的批准。

（2）吊销许可证

如果特种设备的安全隐患或违规行为非常严重，监督部门可以决定吊销其许可证。吊销许可证意味着设备无法再合法地进行使用，使用者需要采取必要的措施来清理设备,并按照监督部门的要求进行后续处理。

(3)限制设备使用范围

对于存在违规行为的特种设备,监督部门可以限制其使用范围。例如,限制设备在特定场所、特定条件下使用,或限制设备的负载能力等。这样的限制措施旨在确保设备的安全使用和避免可能的危险情况发生。

(4)撤销资质或认证

对于严重违规行为的设备使用者或相关单位,监督部门可以撤销其特种设备相关的资质或认证。这将导致他们失去从事特种设备相关业务的能力,以强制其改正违规行为并提高管理水平。

(5)行政和法律责任

除了上述措施,监督部门还可以根据法律法规的规定,对违规行为进行行政和法律追责。这可能包括罚款、起诉、刑事处罚等。通过追究责任,可以对违规行为进行更加严厉的惩罚,以维护特种设备的安全和秩序。

3.注意事项

(1)依法行政

罚款和处罚应基于相关的法律法规,确保执法过程合法合规。

(2)公正公平

在罚款和处罚过程中,监督部门应公正、公平地对待所有相关方,并依法处理。

(3)警示作用

罚款和处罚措施的目的是起到警示作用,促使设备使用者和相关单位认识到安全管理的重要性,并采取有效措施加强设备的维护保养和安全运行。

(4)追究责任

罚款和处罚应着重追究责任,确保责任主体承担相应的法律责任,并防止类似违规行为再次发生。

第三节　定期检验与维护保养

一、定期检验的意义和目的

（一）定期检验的意义

1. 预防事故和保障安全

定期检验设备或机器的重要性在于预防事故和保障安全。通过定期检验，可以发现设备或机器存在的潜在问题和隐患，及时采取措施进行修复或更换，从而消除或减少可能导致事故的风险因素。这包括检查关键部件的磨损程度、紧固件的牢固性、安全装置的功能等。定期检验还有助于评估设备的安全性能和合规性，确保其符合相关的安全标准和法规要求。通过有效的定期检验，可以提高设备或机器的可靠性和稳定性，降低事故发生的概率，保障人员和财产的安全。

2. 提高设备可靠性和稳定性

定期检验设备或机器的重要性在于提高其可靠性和稳定性。通过定期检验，可以及时发现设备或机器的故障、缺陷或潜在问题，并采取相应的纠正措施。这包括修复或更换损坏的部件、调整参数、清洁和润滑等。通过这些维护措施，设备或机器能够保持良好的工作状态，减少故障发生的概率，提高其可靠性和稳定性。定期检验还有助于预防大规模故障的发生，减少停机时间，提高设备的工作效率和生产能力。通过提高设备的可靠性和稳定性，企业可以更好地满足客户需求，增强竞争力，提升经济效益。

3. 延长设备寿命

定期检验设备或机器的重要性还在于延长其使用寿命。通过定期检验，可以及时发现设备或机器的磨损程度，并采取维护和保养措施。这包括清洁、润滑、调整和更换部件等操作，以减少设备的磨损和损坏。定期检验可以帮助识别和解决潜在的问题，防止小问题逐渐累积成大问题。通过定期维护和保养，设备或机器能够保持良好的工作状态,延长其使用寿命,降低更换设备的成本。此外,延长设备寿命还有助于提高生产效率和产品质量的稳定性,增强企业的竞争力。

4.保证产品质量

定期检验设备或机器的重要性还在于保证产品质量。通过定期检验,可以确保设备或机器在生产过程中符合质量标准和规范要求。这包括检查设备的工作精度、稳定性和可靠性等方面的性能,并采取相应的纠正措施。保持设备的良好状态和运行效率有助于提供高质量的产品给客户,满足客户的需求和期望。定期检验还有助于发现可能影响产品质量的问题,及时进行调整和改进,提高生产过程的稳定性和一致性。通过保证产品质量,企业可以增强市场竞争力,赢得客户的信任和支持。

5.遵守法律法规

定期检验设备或机器的重要性还在于遵守法律法规。一些设备或机器需要按照相关的法律法规进行定期检验,以确保其符合安全标准和规定。通过定期检验,可以验证设备的安全性能和合规性,防止违法行为和处罚的发生。这包括检查操作许可证、安全装置、环境保护要求等是否符合法律法规的要求,并进行必要的更新和申报。遵守法律法规不仅有助于保障人员和财产的安全,还能维护企业的声誉和合法地位,降低潜在的法律风险。通过定期检验并遵守法律法规,企业可以有效管理和运营设备,促进可持续发展和社会责任。

(二)定期检验的目的

第一,发现设备或机器的潜在问题和故障是维护保养的核心目标之一。通过定期检查和监测,可以及时发现设备可能存在的磨损、松动、漏损等问题,并采取相应的修复措施。及时的修复能够防止问题进一步恶化,确保设备的正常运行和可靠性。这包括更换损坏的部件、进行调整和校准、清洁和润滑等。通过及时的修复,可以减少停机时间和生产损失,提高设备的效率和生产力。

第二,评估设备或机器的性能和工作效率是维护保养的重要任务之一。通过定期的性能评估,可以发现影响生产效率的问题,如能耗过高、工作速度不稳定等,并采取相应的措施进行解决。这可能包括调整参数、优化工艺流程、提供更好的操作指导等。通过提升设备或机器的性能和工作效率,可以提高生产效率和产品质量,降低成本,增强企业的竞争力。

第三,检查设备或机器的安全性能是维护保养中至关重要的一项任务。通过定期的安全性能检查,可以确保设备或机器符合相关的安全标准和规定。这包括检查安全装置、防护罩、紧急停止装置等是否正常运作,是否完好无损。如果发现任何安全隐患或问题,应及时采取修复措施以保证操作人员和设备的安全。此外,培训操作人员有关设备安全操作和事故预防的知识也是确保安全性能的重要环节。通过保证设备或机器的安全性能,可以最大限度地降低潜在的事故风险,并保护人员和财产的安全。

第四,验证设备或机器的质量是维护保养中的关键任务之一。通过定期的质量验证,可以确保产品符合质量要求和客户期望。这包括检查设备或机器的工作精度、稳定性和可靠性等方面的性能。同时,还需要验证生产过程是否符合相关标准和规范,以确保产品质量的一致性和可追溯性。如果发现任何与质量相关的问题,应及时采取纠正措施,优化生产流程,并持续改进以提升产品质量和客户满意度。通过验证设备或机器的质量,可以增强企业的竞争力和信誉度,赢得客户的信任和支持。

第五,遵守法律法规和满足监管要求是维护保养的重要责任。定期检查设备或机器,确保其符合相关的法律法规和监管要求,如安全标准、环境保护要求等。这包括检查设备的操作证照、许可证是否有效,并进行必要的更新和申报。同时,建立完善的记录和档案,以便随时提供给监管部门审查。通过遵守法律法规,可以避免违法行为和处罚,维护企业的声誉和合法地位,并为可持续发展创造良好的环境。

二、定期检验的内容和方法

(一)外观检查和功能测试

1.外观检查

①检查设备或机器的外部是否有损坏、变形、腐蚀、裂纹等情况。

②检查紧固件,如螺栓、螺母,确保其牢固可靠,防止松动或脱落。

③检查连接部位,如管道、电缆、接头等,确保无泄漏或松动现象。

④检查标识和警示标志,确保清晰可见,指示正确。

2.功能测试

(1)启动测试

通过启动按钮或开关,检查设备或机器能否正常启动,并观察启动过程中是否有异常噪声或震动。

(2)运行测试

运行设备或机器的各项功能,包括各种工作模式、速度调节、负载承载能力等,确保其正常运行。

(3)停止测试

通过停止按钮或开关,检查设备或机器能否正常停止,并观察停止过程中是否有异常噪声或震动。

(4)特殊功能测试

针对设备或机器的特殊功能进行测试,如自动控制、报警系统、安全装置等,确保其正常工作和有效性。

外观检查和功能测试是定期检验中的重要环节,通过对设备或机器外部和内部的检查和测试,可以及时发现潜在问题,确保其正常运行和安全性。这些检查和测试应按照相关的操作规程和安全标准进行,并记录检查结果和异常情况,以便后续的维护和修复工作。

(二)安全防护设施的检验

安全防护设施是保障设备或机器运行过程中人员安全的重要组成部分。定期检验安全防护设施可以确保其正常运作和有效性,以下是一些常见的安全防护设施检验内容。

1.保护罩和护栏

①检查保护罩和护栏是否完好无损,没有破损、裂纹等问题。

②确认保护罩和护栏是否正确安装,能够有效阻挡人员接触到危险区域。

③测试开关或锁定机制,确保在打开保护罩或护栏时设备或机器能够停止运行。

2.安全开关和限位开关

①检查安全开关和限位开关是否完好,能够正常工作。

②测试安全开关和限位开关的触发效果,确保在紧急情况下能够迅速切断电源或停止设备或机器运行。

3.报警系统

①检查报警系统的传感器、控制器和报警装置是否正常工作。

②测试报警装置的响应时间和声音是否清晰可听。

4.紧急停止装置

①检查紧急停止按钮或开关是否正常工作,能够迅速切断电源或停止设备或机器运行。

②测试紧急停止装置的响应时间和可靠性。

5.安全标识

①检查安全标识是否清晰可见,包括警示标志、指示标志等。

②确认安全标识是否与实际设备或机器的危险区域和安全措施相匹配。

(三)关键部件和系统的检测

1.电气系统

①检查电缆、接线和连接器是否完好无损,没有松动或腐蚀现象。

②测试电气元件和控制器的工作状态,如开关、继电器、传感器等。

2.传动装置

①检查传动装置(如齿轮、皮带、链条等)的磨损情况,是否需要润滑或更换。

②测试传动装置的运转是否平稳,无异常噪声或震动。

3.液压系统

①检查液压管路、接头和密封件是否完好,无泄漏或腐蚀。

②测试液压系统的工作压力和流量,确保其在规定范围内工作。

4.控制系统

①检查控制面板、按钮和开关是否正常工作。

②测试控制系统的功能和逻辑,如自动控制、调节精度等。

5.系统集成和协调

①检查各个部件和系统之间的协调工作,确保其正常配合运行。

②测试不同部分或系统之间的数据传输和通信是否正常。

三、维护保养的重要性和方法

(一)维护保养的重要性

1.提高设备可靠性和稳定性

定期进行维护保养可以及时发现并解决设备或机器的故障、磨损和问题,减少意外故障和停机时间,提高设备的可靠性和稳定性。

2.延长设备寿命

定期维护保养可以对设备进行清洁、润滑、调整和更换关键部件等操作,减少设备的磨损和损坏,延长其使用寿命,降低维修和更换成本。

3.保证安全和防止事故

维护保养可以确保设备或机器的安全性能,检查和修复安全装置、防护罩等,预防事故的发生,保障人员和财产的安全。

4.提高工作效率和产品质量

通过维护保养,可以保持设备或机器的良好工作状态,提高其工作效率和生产能力,保证产品的质量和一致性。

5.遵守法律法规和规范要求

许多设备或机器需要按照相关法律法规和规范要求进行定期维护保养,以确保符合安全标准和规定,避免违法行为和处罚。

6.提前预防故障和降低维修成本

通过定期维护保养,可以及时发现并解决设备或机器的潜在问题,防止故障的发生,减少维修成本和停机时间。

（二）维护保养的方法

1.清洁和润滑

定期清洁设备或机器的外部和内部,去除积尘、污垢和杂物是维护保养的重要环节之一。这样做可以确保设备或机器的正常运行和延长其使用寿命。

（1）外部清洁

使用合适的清洁工具(如刷子、抹布)和清洁剂,擦拭设备或机器的外表面,去除附着的灰尘、污渍和油脂。

注意清洁电气部分时,确保断开电源并避免水和湿度接触电气元件。

（2）内部清洁

根据设备或机器的结构和特点,打开相应的覆盖板、保护罩等,进入设备或机器的内部。

使用吸尘器、气压枪等工具,清除内部的积尘、杂物和碎屑,确保通风良好。

（3）润滑部件

根据设备或机器的操作手册或制造商的建议,确定需要润滑的部件和润滑周期。

使用适当的润滑剂(如润滑油、润滑脂),按照指导或标识点对部件进行润滑。

（4）运转测试

在清洁和润滑完成后,进行设备或机器的运转测试,观察运行状态是否正常。

注意观察是否有异常噪声、震动或其他异常情况,如有需要及时处理。

2.部件更换和维修

（1）部件更换

根据设备制造商的建议或维护手册,制定定期更换易损部件的计划。易损部件包括密封件、滤芯、刀片等。

检查易损部件的磨损程度和性能状态,当达到更换标准时,及时进行更换。

在更换过程中,遵循正确的操作流程和安全规范,确保更换后的部件符合要求并能够正常工作。

(2)常规维修

进行定期的紧固件检查,确保设备或机器的螺栓、螺母、连接件等处于牢固状态,防止松动和脱落。

进行电气连接检查,检查电缆、接线端子等是否完好无损,确保良好的电气连接。

对传动装置进行调整,确保齿轮、皮带、链条等的正确张紧,保证传动效率和工作稳定性。

定期检查和清理设备或机器的冷却系统、供气系统、润滑系统等,确保其正常工作和有效性。

3.故障分析和预防措施

(1)故障分析

当设备或机器出现故障时,进行详细的故障分析。通过观察、测试、记录和交流等方式,确定故障的具体表现、时间、频率等信息。

基于故障现象,运用故障排除技术和工具,逐步缩小故障范围,找出可能的故障原因。

分析故障原因的可能性,结合设备或机器的工作原理、使用环境、维护记录等,找出问题的根源。

(2)纠正措施

根据故障分析的结果,制定相应的纠正措施。这可能包括修复故障部件、调整参数、更换元件、改进设计等。

在纠正措施中,确保操作人员按照正确的方法和程序执行,并遵循安全规范和操作指导。

(3)故障记录和维护日志

建立故障记录和维护日志,详细记录设备或机器的故障情况、维修内容和维护日期等信息。

对于重复出现的故障,进行更深入的分析,并采取相应的长期解决方案。

根据故障记录和维护日志,进行数据分析和趋势预测,以提前预防潜在故障的发生。

4. 系统监测和调整

(1)设备性能检测

定期使用适当的检测仪器和设备对设备或机器的性能进行检测。测量和记录关键参数，如温度、压力、速度、振动等，以评估设备的工作状态和性能表现。

(2)参数调整

根据设备制造商的建议或相关规范，对设备或机器的关键参数进行调整。

调整参数以确保设备在设计范围内运行，并满足生产需求和质量标准。

(3)关键部件和系统监测

使用检测仪器和设备对设备或机器的关键部件和系统进行定期监测。

监测液压系统、电气系统、传动装置等，以及其他可能影响设备运行的关键部件。

(4)异常现象发现和调整

注意观察设备或机器运行过程中的异常现象，如噪声、震动、温升等。

如发现异常现象，采取相应的措施进行调整，如重新校准、更换损坏的部件等。

通过系统监测和调整，可以保持设备或机器在设计范围内的正常运行，并及时发现和解决潜在问题，以提高设备的可靠性、稳定性和工作效率。在执行系统监测和调整时，应确保使用合适的检测仪器和设备，并根据设备制造商的建议或相关规范进行操作。同时，记录监测结果和调整措施，并进行数据分析，以支持后续的维护决策和优化工作。

5. 培训和操作规程

(1)操作人员培训

提供定期的培训课程，使操作人员了解设备或机器的正确使用方法、操作流程和安全注意事项。

培训内容应包括设备的结构和原理、操作界面和控制功能、故障排除方法等。

(2)维护要求培训

为操作人员提供关于设备或机器维护要求的培训，使其了解维护计划、润滑要求、部件更换周期等重要细节。

强调维护的重要性和正确性,以及维护对设备可靠性和寿命的影响。

(3)操作规程制定和执行

制定详细的操作规程,包括设备启停流程、操作步骤、清洁润滑方法等。规程应根据设备的特点和制造商的建议进行制定,并遵循相关法规和标准。

确保操作规程易于理解和遵循,通过示意图、文字说明和实际操作演示等方式进行培训和传达。

(4)一致性和持续改进

确保所有操作人员都接受相同的培训,遵循统一的操作规程,以确保操作的一致性和标准化。

进行定期的回顾和评估,通过反馈和经验分享,不断改进操作规程和培训计划。

第十二章 工程特种设备质量提升策略

第一节 技术创新与研发

一、推动科技创新，加强技术研发能力

1.加大对科研机构和高校的支持

(1)增加经费支持

加大对科研机构和高校的经费投入，提供更多的科研项目资金支持。通过增加经费投入，鼓励科研机构和高校开展前沿技术研究和应用探索，推动工程特种设备领域的科技创新。

(2)优化研究项目评审流程

简化和优化科研项目的申报和评审流程，减少不必要的繁文缛节，提高项目的审批效率。确保科研项目能够及时得到资助和支持，促进科研机构和高校的创新能力发挥。

(3)改善科研人员待遇

提高科研人员的薪资水平和福利待遇，吸引优秀的科研人才从事工程特种设备领域的研究工作。同时，建立科研人员的职称评定和晋升机制，激励他们不断提升自身的研究水平和能力。

(4)鼓励合作与交流

鼓励科研机构和高校与企业进行合作，共同开展工程特种设备领域的科技创新项目。建立产学研联合实验室或工程中心，提供共享的研究设备和实验室资源，促进双方在技术研究和应用探索方面的合作。

(5)推动知识转化

加强科研成果的知识转化和产业化,将科研成果应用到实际生产和市场中。鼓励科研机构和高校与企业进行技术转让和合作,推动科研成果的商业化和落地。

2.建立行业联合研究平台

(1)组织技术交流会议

定期组织行业内的技术交流会议,邀请企业代表、科研机构专家和学者进行分享和讨论。这种会议可以提供一个平台,促进企业之间的经验交流和合作,推动技术创新和共同发展。

(2)举办研讨会和展览活动

组织研讨会和展览活动,聚集行业内的企业和专家,展示最新的技术成果和产品应用。通过展览和演示,企业可以了解同行的技术水平和市场需求,激发创新意识并寻求合作机会。

(3)建立联合研究项目

组织行业内的企业共同参与研究项目,针对共性问题或前沿技术展开合作研究。这种联合研究项目可以整合资源,避免重复研发,提高研究效率和成果质量。

(4)提供技术支持和合作平台

建立行业联合研究平台,提供技术支持和合作平台,为企业之间的技术交流和合作搭建桥梁。该平台可以提供技术资源共享、项目合作对接、专家咨询等服务,促进企业之间的合作和创新。

(5)强调知识产权保护

在建立联合研究平台时,要重视知识产权保护,建立相关的合作协议和保密机制。确保参与企业的技术成果得到充分保护,并鼓励知识产权的共享和合理利用。

3.提供财政资金和税收优惠等激励措施

(1)设立专项基金和科技创新补贴

政府可以设立专项基金,用于支持工程特种设备领域的技术研发项目。企业可以通过申请获得该基金的资助,用于开展技术创新和研究项目。此外,还可以给予科技创新补贴,直接奖励具有创新性和实用性的技术研发成果。

（2）税收优惠政策

政府可以制定税收优惠政策，减轻企业在技术研发方面的负担，提高其投入研发的积极性。例如，降低企业的所得税率或给予研发费用的税前扣除等措施，有效鼓励企业加大对技术研发的投入。

（3）加强技术转移和应用推广的资金支持

除了支持技术研发阶段，还应加大对技术转移和应用推广的资金支持。政府可以设立专项资金，用于支持工程特种设备领域的技术转移和应用示范项目，促进科研成果的实际应用和产业化。

（4）引导社会资本投入

鼓励社会资本投入工程特种设备的技术创新和研发项目。政府可以提供引导性的政策和资金支持，吸引社会资本参与技术研发，推动产学研合作和创新发展。

（5）加强监督和评估

对获得财政资金支持的企业进行监督和评估，确保资金使用的合理性和效果。加强对项目的跟踪和评估，及时发现问题和改进措施，提高激励措施的效果。

二、强化产品设计与工艺优化

1. 鼓励企业注重产品设计创新

（1）加大对产品设计的投入

政府可以提供财政资金支持，用于企业的产品设计和研发项目。通过增加对产品设计的投入，鼓励企业在设计方面进行更多的创新和改进。

（2）培养和引进设计人才

政府可以支持建立设计人才培养机制，包括设立专业设计学院、提供奖学金和实习机会等。同时，鼓励企业与高校合作，引进优秀的设计师和团队，提升企业的设计能力和水平。

（3）建立激励机制

设立奖励机制，鼓励企业在产品设计方面取得突出成果。例如，设立设计奖项或专利奖励，给予获奖企业一定的荣誉和资金激励，以推动企业在设计创新上的积极性和竞争力。

(4)强化知识产权保护

加强知识产权保护,确保企业的设计成果得到充分的法律保障。政府可以提供便利的注册流程和服务,加快知识产权的审批和保护,降低企业的知识产权维权成本。

(5)提供市场推广支持

政府可以提供市场推广的支持,帮助企业将设计创新转化为市场竞争力。例如,组织设计展览和推广活动,为企业提供展示和宣传的机会,促进优秀设计产品的推广和销售。

2.推动工艺流程的优化

(1)评估和优化工艺流程

组织专家团队对企业的生产工艺流程进行评估,分析瓶颈和改进空间,并提供相应的技术支持和指导。通过优化工艺流程,可以提高生产效率、降低成本、提升产品质量。

(2)引入先进的自动化设备和智能制造技术

鼓励企业引入先进的自动化设备和智能制造技术,提升生产线的灵活性和智能化水平。这些技术包括机器人技术、物联网、大数据分析等,可以实现生产过程的自动化和智能化,提高生产效率和质量稳定性。

(3)加强技术转移和合作

鼓励企业与科研机构、高校和其他企业建立合作关系,共享先进工艺技术和经验。通过技术转移和合作项目,推动工艺流程的不断创新和改进。

(4)提供培训和技术支持

为企业提供相关的培训和技术支持,提升员工的工艺技能和操作水平。通过培训,帮助员工掌握先进的生产工艺和操作技术,推动工艺流程的优化和改进。

(5)推广绿色制造和节能减排

鼓励企业在工艺流程中采用绿色制造和节能减排的技术和方法。引导企业降低资源消耗和环境污染,提高生产过程的可持续性和环保性。

3.引入先进的设计软件和仿真工具

(1)引入计算机辅助设计(CAD)软件

推动企业使用CAD软件进行产品设计,实现数字化设计和模型建立。CAD软件可以提供三维设计环境,帮助设计人员更直观地构建和修改产品模型,减少设计错误和返工。

(2)引入计算机辅助工程(CAE)软件

推广企业使用CAE软件进行产品工程分析和仿真。通过CAE软件,可以对产品进行结构强度、流体力学、热传导等多方面的仿真分析,预测产品性能和行为,发现潜在问题并进行优化。

(3)提供培训和技术支持

为企业提供相关的培训和技术支持,帮助设计人员熟练掌握和使用设计软件和仿真工具。通过培训,提高设计人员的技能水平和操作经验,充分发挥设计软件和仿真工具的优势。

(4)建立合作与交流平台

鼓励企业之间建立合作与交流平台,分享设计软件和仿真工具的应用经验和最佳实践。通过合作与交流,促进设计创新和技术进步,推动整个行业的发展。

(5)加强知识产权保护

加强对设计软件和仿真工具的知识产权保护,鼓励企业正版购买和合法使用。同时,加强与软件供应商的合作,提供合理的软件许可方式和价格,降低企业的使用成本。

通过以上措施的实施,我们期望能够推动产品设计创新,提升产品的功能性、可靠性和安全性。同时,优化工艺流程和引入先进的设计软件和仿真工具,将有助于提高生产效率和产品质量。这将使企业更具竞争力,满足市场需求,为经济发展提供强大支撑。

三、鼓励引进先进技术和设备

1. 支持企业引进先进的制造技术和设备

(1)提供财政资金支持

政府可以通过设立专项基金、提供低息贷款等方式,向企业提供财政资金支持。这些资金可以用于购买先进的制造设备和技术,提升生产能力和效率。

(2)提供税收优惠政策

针对企业引进先进制造技术和设备的投入,政府可以给予税收优惠政策,如减免关税、免征增值税等。这样可以降低企业的引进成本,鼓励企业加大对先进制造技术和设备的引进力度。

(3)加强国内外合作

政府可以促进企业与国内外优秀制造企业和研发机构的合作。通过合作交流,推动技术转移和共享,帮助企业引进先进的制造技术和设备,并学习先进的生产工艺和品质管理经验。

(4)促进技术创新和研发

政府可以加大对技术创新和研发的支持力度。通过设立专项资金和项目,鼓励企业进行自主研发和创新,推动工程特种设备领域的制造技术进步和创新能力提升。

(5)提供培训和技术支持

政府可以组织相关培训和技术支持活动,帮助企业了解和应用先进的制造技术和设备。通过培训,提高企业员工的技能水平和操作经验,确保企业能够充分发挥先进制造技术和设备的优势。

2. 加强国际技术交流与合作

(1)组织参加国际技术交流会议、展览和研讨会

政府可以组织企业代表参加国际性的技术交流会议、展览和研讨会。这些活动提供了一个与国外企业和研究机构深入交流和合作的平台,学习借鉴国外先进经验和技术成果。

（2）搭建国际合作平台

政府可以搭建国际合作平台，促进企业与国外企业和研究机构的合作。通过建立合作网络、开展项目对接和技术转移，推动跨国合作和共同研发，实现技术资源共享和互利共赢。

（3）加强国际科研合作

鼓励企业与国外的研究机构和高校进行科研合作。通过联合科研项目、共享研究成果和人员交流，提升科研能力和创新水平，推动工程特种设备领域的技术创新和发展。

（4）建立国际技术创新平台

支持企业参与国际技术创新平台的建设，如国际科技园区、创新中心等。这些平台提供了一个集聚全球创新资源和人才的环境，促进国际合作和技术交流，推动工程特种设备领域的技术创新和应用。

（5）支持海外市场拓展

鼓励企业积极拓展海外市场，开展国际贸易和合作项目。通过参与国际市场竞争，企业可以了解国际标准和需求，不断改进产品和服务，提高产品的竞争力和适应性。

3. 鼓励企业进行技术创新和自主知识产权的研发

（1）提供专项基金和科技创新补贴

政府可以设立专项基金，用于支持企业在关键技术领域的前沿研究和开发项目。此外，还可以给予科技创新补贴，直接奖励企业具有创新性和实用性的技术研发成果。

（2）加大对技术创新的资金支持

增加对企业技术创新的财政资金支持，包括研发经费、设备购置、人才引进等方面。通过提供资金支持，降低企业技术创新的风险和成本，鼓励企业投入更多资源进行创新研发。

（3）强化知识产权保护

加强知识产权保护力度，建立健全的知识产权管理机制。政府可以提供便利的知识产权注册流程和服务，加强执法力度，打击侵权行为，保障企业的创新成果得到合法保护和应用。

(4)建立产学研联合创新平台

鼓励企业与科研机构、高校等建立产学研联合创新平台,共同开展技术研发和创新项目。通过跨界合作和资源共享,加强科研成果的转化和应用。

(5)提供专业培训和技术支持

政府可以组织相关培训和技术支持活动,帮助企业提升技术创新能力和自主研发能力。通过提供技术咨询、市场分析等服务,帮助企业解决技术难题,推动技术创新和研发工作的顺利进行。

四、加强标准制定和技术评审

1.制定行业标准

(1)组织专家团队

政府可以组织专家团队,包括科研机构、高校和企业代表等,来制定行业标准。这些专家具有丰富的经验和专业知识,能够参与到标准的制定过程中,并提供专业的技术支持。

(2)借鉴国内外先进经验

在制定行业标准时,可以借鉴国内外先进的经验和标准。通过调研和学习,了解行业的最新发展趋势和技术要求,确保行业标准的科学性和先进性。

(3)考虑产品质量、安全性能、环境保护等方面

行业标准应覆盖工程特种设备的设计、制造、安装和使用等各个环节。其中包括产品质量要求、安全性能指标、环境保护措施等方面的内容,以确保工程特种设备的质量和安全性能达到标准要求。

(4)鼓励行业参与和遵守标准

政府可以鼓励行业内的企业和组织参与标准的制定过程,并推动行业内的企业遵守相关标准。通过加强宣传和培训,提高行业对标准的认识和理解,促使企业自觉遵守标准要求。

(5)定期修订和更新

行业标准需要根据技术发展和市场需求进行定期修订和更新。政府可以建立

健全的标准修订机制,确保行业标准与时俱进,适应行业的发展和变化。

2.加强技术评审

(1)设立专业技术评审团队

政府可以组织专业的技术评审团队,由行业专家、科研机构和相关领域的专业人员组成。这些评审团队具有丰富的经验和专业知识,能够对新产品和新工艺进行全面、客观的评估。

(2)制定技术评审标准

制定明确的技术评审标准,包括产品质量要求、安全性能指标、环境保护措施等方面的要求。根据这些标准,对新产品和新工艺进行评审,确保其符合行业的技术规范和法律法规的要求。

(3)进行可行性分析

对于新产品和新工艺,进行可行性分析,评估其技术可行性、商业可行性和市场需求。通过可行性分析,降低技术风险,避免投入过多资源和资金在不可行或无市场前景的项目上。

(4)严格的评审程序

建立严格的评审程序,包括初步评估、技术论证、实验验证等环节。在评审过程中,对产品和工艺的可行性、稳定性和可靠性进行全面的评估和验证。

(5)强调质量和安全要求

评审过程中,特别注重产品的质量和安全要求。确保产品符合相关的国家标准和规范,保障用户和社会的利益,防止因质量问题导致的安全事故和经济损失。

3.建立行业技术咨询机构

(1)组建专业团队

建立行业技术咨询机构时,需要组建由专业人才组成的团队。该团队应包括行业专家、工程师和研究人员等,具备丰富的行业经验和技术知识。

(2)技术研究和创新

行业技术咨询机构可以开展相关的技术研究和创新活动。通过前沿技术的研究和应用,推动工程特种设备领域的技术发展和创新。

(3)提供技术培训和咨询服务

行业技术咨询机构可以提供技术培训和咨询服务,帮助企业解决技术难题和提升技能水平。通过培训和咨询,推广先进的技术和最佳实践,促进技术的传播和应用。

(4)促进技术水平的提升

行业技术咨询机构可以组织技术交流会议、研讨会和培训班等活动,促进行业内企业之间的技术交流和合作。通过经验分享和案例研究,提高行业整体的技术水平和竞争力。

(5)支持政府决策和政策制定

行业技术咨询机构可以为政府决策和政策制定提供专业的技术支持和建议。通过参与政策制定过程,推动相关政策的制定和实施,为行业的发展营造良好的环境和条件。

五、加强与科研机构和高校的合作

随着科技的不断进步和社会的快速发展,工程特种设备领域的前沿技术研究和应用探索变得日益重要。为了加强这一领域的发展,与科研机构和高校的合作变得至关重要。通过合作,可以实现资源共享、人才互补,推动技术创新和知识转化。

1. 与科研机构和高校的合作可以实现资源共享

(1)共享研究设备和实验室

科研机构和高校通常拥有丰富的研究设备和实验室,可以为企业提供必要的支持和资源。企业可以借助科研机构和高校的设备和实验室进行相关研究和测试,提高研究的准确性和可靠性。

(2)专业知识和经验交流

科研机构和高校的研究人员具备深厚的学术背景和专业知识,在工程特种设备领域拥有丰富的经验。通过与他们的合作,企业可以获取最新的研究成果和行业动态,促进知识和经验的交流与分享。

（3）实践问题与理论研究相结合

企业在实际生产中面临各种问题和挑战，而科研机构和高校则注重理论研究和学术探索。通过合作，企业可以将实践问题带给科研机构和高校，促使他们的研究更贴近实际需求。同时，科研机构和高校可以为企业提供理论支持和解决方案，促进技术创新和问题解决。

（4）人才培养与引进

合作可以为企业提供人才培养和引进的机会。通过与科研机构和高校的合作，企业可以与优秀的研究人员和学生建立联系，并有机会吸纳他们加入企业，提升企业的研发能力和创新能力。

（5）联合研究项目和申请科研资助

企业和科研机构、高校可以联合申请研究项目和科研资助，共同开展前沿研究和技术创新。通过合作，可以整合各方的优势资源和专业知识，提高研究项目的成功率和研究成果的质量。

通过与科研机构和高校的合作，可以实现资源共享，促进工程特种设备领域的技术创新和发展。双方可以互相补充不足，共同攻克技术难题，提高研究效率和成果质量。这将为企业带来更多的创新机会和市场竞争力，推动整个行业朝着高质量、可持续发展的方向迈进。

2. 与科研机构和高校的合作可以实现人才互补

（1）理论知识与实践经验结合

科研机构和高校培养了大量具备深厚理论知识的科研人员和专业人才。而企业则拥有实际应用的需求和场景，需要具备工程技术能力和实践经验的人才。通过合作，科研机构和高校的专家可以为企业提供技术指导和解决方案，将理论知识转化为实际应用。

（2）交流与共享资源

合作可以促进人才的交流与共享。科研机构和高校的专家可以到企业进行技术指导和培训，分享最新的研究成果和学术前沿。同时，企业也可以提供实践场景和数据支持，帮助科研机构和高校开展实验和验证。

（3）联合研发项目

双方可以联合申请研发项目，共同开展前沿研究和技术创新。通过联合研发项目，可以整合各方的优势资源和专业知识，提高研究项目的成功率和研究成果的质量。同时，企业可以从科研机构和高校的研究成果中获取创新技术和解决方案。

（4）人才培养与引进

合作可以为企业提供人才培养和引进的机会。通过与科研机构和高校的合作，企业可以与优秀的研究人员和学生建立联系，并有机会吸纳他们加入企业，提升企业的研发能力和创新能力。

（5）学术交流与产业转化

合作可以促进学术交流和产业转化。科研机构和高校的专家可以参与企业的技术研发和实践项目，将学术研究成果应用于实际场景，推动科学研究和产业发展的有效结合。

通过与科研机构和高校的合作，可以实现人才互补，充分发挥各方的优势和专长，提升研究水平和实践能力。这将为企业带来更多的创新机会和市场竞争力，推动整个行业朝着高质量、可持续发展的方向迈进。同时，合作也有助于加强产学研之间的紧密联系，促进科技创新和社会经济的共同发展。

3. 与科研机构和高校的合作可以推动技术创新和知识转化

（1）技术创新与应用

科研机构和高校致力于开展前沿技术研究，通过合作可以将他们的研究成果应用到实际生产中，推动技术的创新和发展。企业可以从科研机构和高校获取最新的研究成果和技术趋势，将其应用到产品研发和生产中，提高自身的竞争力。

（2）知识共享与迭代

合作可以促进知识的共享和迭代。科研机构和高校的理论研究可以得到企业的验证和应用，在实践中不断改进和完善。同时，企业的实践经验也可以反馈给科研机构和高校，促进知识的迭代和创新。

（3）人才培养与引进

合作可以为企业提供人才培养和引进的机会。通过与科研机构和高校的合作，企业可以与优秀的研究人员和学生建立联系,并有机会吸纳他们加入企业,提升企业的研发能力和创新能力。

(4)项目合作与资金支持

双方可以联合申请科研项目和获得资金支持,共同开展前沿研究和技术创新。通过项目合作,可以整合各方的优势资源和专业知识,提高研究项目的成功率和研究成果的质量。

(5)学术交流与产业转化

合作可以促进学术交流和产业转化。科研机构和高校的专家可以参与企业的技术研发和实践项目,将学术研究成果应用于实际场景,推动科学研究和产业发展的有效结合。

通过与科研机构和高校的合作,企业可以将理论研究成果应用到实际生产中,推动技术创新和发展。同时,合作也有助于加强产学研之间的紧密联系,促进科技创新和社会经济的共同发展。这种合作模式使得科研机构、高校和企业相互受益,共同推动行业的进步和发展。

六、建立完善的技术评估和审核制度

1.设立专门的技术评估机构

(1)组织架构和人员配置

技术评估机构应设立一个独立的机构或部门,由行业专家和相关领域的学者组成。这些专家应具备充分的专业知识和经验,能够对新技术和新产品进行全面、客观的评估和审核。

(2)制定评估标准和流程

技术评估机构应制定明确的评估标准和流程,包括评估指标、评估方法和评估流程等方面的要求。这些标准和流程应根据国家的相关法律法规和行业的技术规范进行制定,以确保评估的科学性和准确性。

(3)审核资质和能力

技术评估机构应对其成员进行资质审核和能力评估。只有具备相关背景和经验的专家才能参与评估工作。同时,技术评估机构还可以通过培训和学习交流等方式提升成员的评估能力和专业水平。

(4)保持独立性和公正性

技术评估机构应保持独立性和公正性,不受任何利益团体的影响。评估过程应严格遵守规范和程序,确保评估结果的客观性和可信度。

(5)加强信息共享与沟通

技术评估机构应与相关部门、企业和研究机构建立良好的合作关系,加强信息共享和沟通。通过及时获取最新的技术和市场信息,评估机构可以更准确地评估新技术和新产品的质量和安全性能。

2.制定评估标准和方法

(1)质量考量

①设备材料。

评估设备所使用的材料的质量、可靠性和耐用性。

②制造工艺。

评估设备的制造工艺是否符合相关标准和规范,以确保产品的一致性和质量稳定性。

③工作精度。

评估设备在实际工作中的精度和稳定性,包括测量、控制和运动系统等方面。

(2)性能考量

①效率。

评估设备的工作效率,包括生产速度、能耗、资源利用率等。

②扩展性。

评估设备的扩展性和灵活性,以适应不同工程需求和变化的市场环境。

③自动化水平。

评估设备的自动化水平,包括自动化控制、数据采集和分析等功能。

(3)安全考量

①安全设计。

评估设备的安全设计,包括防护装置、紧急停机系统和风险管理措施等。

②操作安全。

评估设备的操作安全性,包括易用性、人机工程学和培训需求等方面。

③环境保护。

评估设备对环境的影响,包括噪声、振动、废物排放和能源消耗等。

为确保评估的客观性和全面性,可以采取以下方法。

①标准化测试。

制定标准化的测试程序和测试指标,以确保不同设备之间的比较公正和可靠。

②第三方认证。

委托独立的第三方机构进行评估和认证,用以提供客观的评价结果。

③数据分析。

收集和分析设备的运行数据和用户反馈,以评估设备的性能和质量。

3. 全面评估新技术和新产品

(1)实验室测试

①设计合适的实验方案。

确定评估的目标和指标,并设计相应的实验方案。

②数据采集和分析。

进行实验,并采集相关数据。通过数据分析,评估新技术或新产品在实验条件下的性能和效果。

③对比实验。

与已有的技术或产品进行对比实验,以评估新技术或新产品的优劣之处。

(2)原理验证

①研究文献调研。

对新技术或新产品的原理进行深入研究和调查,了解其背后的科学基础和原理。

②模型构建和验证。

基于原理建立模型,并进行仿真验证。通过模拟仿真,评估新技术或新产品的预期性能和可行性。

(3)应用场景模拟

①制定合适的模拟方案。

根据实际应用场景,制定合适的模拟方案,包括参数设置、环境条件等。

②模拟仿真。

使用计算机软件或其他工具进行模拟仿真,评估新技术或新产品在不同场景下的表现和性能。

③结果分析。

对仿真结果进行分析和解读,评估新技术或新产品在实际应用中的适用性和可靠性。

(4)用户反馈

①用户参与。

邀请用户或相关专家参与评估过程,收集他们的意见、建议和体验反馈。

②调查问卷。

设计调查问卷,了解用户对新技术或新产品的满意度、使用体验等方面的评价。

③用户测试。

组织用户测试活动,观察和记录用户在实际使用中的情况,并收集反馈意见。

4.定期更新评估标准和方法

(1)跟踪行业动态

①持续关注行业内的新技术、新产品和创新趋势。

②参与行业会议、研讨会和论坛,了解最新的研究成果和行业标准。

(2)建立专门的评估团队

①组建专门的评估团队或委员会,负责跟踪技术发展并进行评估标准和方法的更新。

②团队成员应包括行业专家、学者和从业人员,具备相关领域的知识和经验。

(3)定期评估标准和方法

①设定评估标准和方法的更新周期,例如每年或每两年进行一次全面的评估。

②在评估团队的指导下,对现有的评估标准和方法进行审查和分析,确定需要更新和改进的方面。

（4）利用反馈和数据

①收集用户反馈和使用数据，了解现有评估标准和方法的不足之处。

②根据实际应用和测试结果，调整和优化评估标准和方法，以提高其适用性和准确性。

（5）考虑国际标准

①参考国际标准和规范，借鉴其他国家或地区的评估经验和最佳实践。

②可与相关机构和组织合作，共同制定和更新行业评估标准和方法。

5.强化监督和管理

（1）建立监督机制

①设立专门的评估监督部门或委员会，负责对评估过程进行监督和管理。

②确定监督机构的职责、权力和工作流程，明确其独立性和权威性。

（2）提供培训和指导

①为评估机构和评估人员提供专业培训，使其具备评估所需的知识、技能和方法。

②提供指导文件、标准操作程序等工具，确保评估过程符合规范和要求。

（3）制定行业准则和道德规范

①制定行业评估准则和道德规范，规范评估机构和评估人员的行为和操作。

②强调评估过程中的客观性、公正性、保密性和责任意识等重要原则。

（4）审查评估结果

①定期进行评估结果的审查和验证，确保评估过程的准确性和可靠性。

②开展抽样检查、数据核实等措施，防止虚假评估和数据篡改等行为。

（5）推动信息公开和沟通

①主动向社会公开评估结果和过程，提高透明度。

②建立反馈机制，接受用户和利益相关者的意见和建议，改进评估过程。

（6）处理违规行为

①设立举报渠道，接收并处理评估过程中的违规行为举报。

②对违规行为进行调查和处理，采取相应的纠正措施和处罚。

6. 加强信息共享与合作

与科研机构、高校、企业和行业协会等建立密切的合作关系,共享最新的技术信息和经验。通过合作交流,可以更好地了解行业的技术发展趋势,为评估工作提供参考和支持。

七、鼓励企业参与国际标准制定和技术交流

1. 积极参与国际标准组织

企业可以积极参与国际标准组织,如ISO(国际标准化组织)、IEC(国际电工委员会)等。这可以通过成为会员或观察员来实现。参与标准制定的工作组和会议,可以让企业了解和影响国际标准的制定过程,并为制定符合自身需求的标准提供意见和建议。这种参与不仅有助于企业了解行业趋势和最佳实践,还可以在标准制定过程中发挥积极的作用,推动制定出更加公平、透明和符合全球需求的标准。通过参与国际标准组织,企业还可以增强其在国际市场的竞争力,并促进行业间的合作与交流。因此,积极参与国际标准组织对企业来说具有重要意义。

2. 加入行业协会

加入工程特种设备领域的行业协会对企业来说是非常重要的。这些协会包括国内的专业协会和国际的相关组织。通过加入这些协会,企业可以获得许多益处。

首先,协会通常提供国际合作与交流的机会。通过参与协会的活动和项目,企业可以与国内外同行进行技术交流,了解最新的行业动态和先进经验。这有助于企业跟上行业的发展趋势,获取前沿信息,并及时调整自身的技术和策略。

其次,加入协会还可以扩大企业的业务网络。在协会中,企业有机会结识来自不同地区和领域的专业人士,建立业务联系和合作伙伴关系。这样的合作可以促进资源共享、技术合作和市场拓展,为企业带来更多商机和发展机会。

此外,协会还经常组织各种培训和研讨会。这些活动提供了学习和提升的机会,帮助企业员工增强专业知识和技能。同时,协会还可以为企业提供政策咨询和支持,帮助企业解决行业中的问题和挑战。

3. 借鉴国际先进标准和经验

首先,学习和比较国际标准可以帮助企业了解国际市场需求和趋势。国际标

准通常代表了全球范围内的最佳实践和共识,对于企业来说具有指导作用。通过对比国际标准与自身标准的差距,企业可以发现自身的不足之处,并进行优化和改进,以满足国际市场的需求。

其次,与国际同行的交流合作是获取先进技术和管理经验的重要途径。通过参加国际会议、展览和合作项目,企业可以与国际同行建立联系,分享经验和知识。这种交流合作可以帮助企业了解最新的技术发展和管理理念,为企业的创新和发展提供启示和支持。

此外,积极参与国际标准制定过程也是借鉴国际先进标准和经验的有效方式。通过成为国际标准组织的会员或观察员,企业可以参与标准制定的讨论和决策过程,了解先进标准的制定原则和方法。这有助于企业提升自身的标准制定能力,并将国际先进标准和经验应用到自身的产品和技术中。

4. 建立国际合作伙伴关系

(1)确定合作目标

首先,明确您的合作目标。确定您希望与哪些国家、企业、科研机构或高校进行合作,并明确合作的具体领域和目标。

(2)建立联系

通过各种渠道建立联系,例如参加国际会议、展览、商务洽谈活动等。利用社交媒体平台、专业网络和业界组织等资源来扩大您的合作伙伴网络。

(3)寻找合适的合作伙伴

通过市场调研和背景调查,筛选出符合您需求的潜在合作伙伴。考虑他们的技术实力、专业领域、经验和声誉等因素。

(4)探索共同利益

与潜在合作伙伴沟通,了解他们的愿望和需求,探索双方的共同利益点。确定合作项目的范围、目标和预期成果。

(5)制定合作计划

与合作伙伴一起制定详细的合作计划,包括项目目标、时间表、资源分配和责任分工等。确保双方的期望和利益得到充分考虑。

(6)共同研究和开发

通过合作交流,共同研究新技术和新产品。分享知识、经验和资源,互相学习和成长。

(7)推动市场落地

探索国际市场,共同推动技术创新和知识转化。利用合作伙伴的渠道和资源,拓展市场份额并实现商业化。

(8)维护合作关系

建立良好的合作伙伴关系是持久成功的基础。及时沟通、解决问题、分享成果,保持积极的合作态度。

5. 提升标准制定能力

(1)建立专门的标准制定团队或部门

企业可以组建一支专门负责标准制定工作的团队或设立独立的部门。这个团队或部门应该由具备相关专业知识和经验的人员组成,他们应该了解国际标准制定的要求和流程,并具备良好的沟通和协调能力。

(2)培养标准制定人员的专业素质和国际视野

企业应该为标准制定人员提供培训和学习机会,提升他们的专业素质和技能水平。培训内容可以包括标准制定的基本理论知识、国际标准的要求以及相关行业的最新发展动态。此外,还可以鼓励标准制定人员参加国际标准制定组织的研讨会和会议,扩大他们的国际视野。

(3)加强标准制定的方法和流程管理

企业应该建立科学的标准制定方法和流程管理体系,确保标准制定工作的高效进行。这包括确定标准制定的目标和范围、制定详细的工作计划和时间表、组织相关部门和人员进行合作和协调,以及对标准制定过程进行监督和评估。

(4)参考国际标准要求

企业在制定产品标准时应该参考国际标准的要求,尽量与国际标准保持一致或接近。这可以提高产品的竞争力和市场认可度,并有助于企业拓展国际市场。同时,企业也可以通过参与国际标准制定组织的工作,了解和影响国际标准的最新发展,从而更好地适应国际市场的需求。

第二节　人员培训与素质提升

一、建立完善的人才培养体系

（一）设立专业学院或培训机构

设立专业学院或培训机构是提升标准制定能力的有效途径之一。建立这样的机构，可以为企业内部的标准制定人员和其他相关从业人员提供系统的培训和教育，以提高他们的专业素质和能力。

这些专业学院或培训机构可以设计并提供与工程特种设备领域相关的专业课程，包括标准制定理论、法规要求、技术规范等内容。这些课程应该结合实际案例和行业发展动态，使学员能够更好地理解和应用标准制定知识。

此外，这些机构还可以提供实践项目和实习机会，帮助学员将理论知识转化为实际操作技能。例如，可以组织学员参与实际的标准制定工作，让他们亲身经历和实践标准制定的全过程。同时，还可以安排学员在相关企业或实验室进行实习，与专业人员合作，深入了解行业最新技术和标准要求。

通过设立专业学院或培训机构，企业可以为标准制定人员提供系统的培训和教育，提高他们的专业素质和能力。这样的机构可以成为企业内部培养标准制定人才的重要平台，也可以向行业内其他从业人员开放，推动整个行业标准制定能力的提升。

（二）制定职业发展规划

制定职业发展规划是提升标准制定能力的重要措施之一。为从业人员制定明确的职业发展规划，可以帮助他们了解自己在标准制定领域的职业发展路径，并设定可实现的目标。

第一，企业可以为每位从业人员制定个性化的培训计划。这些计划应该包括必要的培训课程和学习资源，以帮助他们不断扩充专业知识和技能。培训计划可以结合个人的职业发展目标和公司的需求，根据不同级别和职位的要求，提供有针对性的培训内容。

第二，企业应该建立晋升通道，为优秀的标准制定人员提供晋升机会。通过设立明确的晋升条件和评价标准，激励从业人员不断提升自己的专业素质和绩效水平。同时，企业也应该提供广阔的晋升空间，给予发展的机会和挑战，以吸引和留住高素质的标准制定人才。

第三，企业还应该为从业人员提供继续教育机会。鼓励他们参加专业研讨会、行业论坛和学术交流活动，与同行交流经验、分享最新标准制定的发展趋势。同时，还可以提供资助和支持，让从业人员参加相关的学历或证书培训课程，提升自身的学历和职业认可度。

（三）鼓励实践经验积累

1. 提供实践机会

组织实践项目和案例，让从业人员能够亲身参与其中。这可以包括实地考察、实际操作、模拟演练等形式，使其能够在真实环境中应用所学知识并解决实际问题。

2. 导师指导

为从业人员配备经验丰富的导师，提供指导和支持。导师可以分享自己的实践经验，帮助从业人员理解和应用知识，并指导他们在实际项目中进行实践。

3. 团队合作

鼓励从业人员在团队中合作完成项目，通过与他人合作解决问题，培养团队合作精神和协作能力。同时，也可以借助团队中其他成员的经验和见解，共同提高解决问题的能力。

4. 反思总结

在实践过程中，鼓励从业人员进行反思总结，总结经验教训并提出改进措施。通过反思总结，可以加深对实践经验的理解和应用，并不断优化解决问题的能力和实践技巧。

5. 激励机制

建立激励机制，鼓励从业人员积极参与实践经验积累。可以设立奖励制度，给予在实践中表现突出的从业人员一定的奖励和认可,激发其积极性和主动性。

（四）建立导师制度

1. 导师选拔

选择具有丰富经验和专业知识的员工作为导师,确保其能够有效地传授知识和指导新进人员。

2. 指导和培训

导师与新进人员进行密切合作,指导他们在工作中遇到的问题并提供解决方案。此外,还可以组织定期的培训活动,帮助新人提升技能和知识水平。

3. 经验分享

导师可以与新人分享自己的成功经验和挑战,帮助他们更好地理解职业发展路径和行业要求,激励他们积极学习和成长。

4. 定期评估

定期评估导师与新人之间的合作情况,了解新人的进展和需求,并及时调整导师的指导方法和策略,以确保导师制度的有效实施。

二、加强技能培训和专业知识更新

（一）组织内部培训

企业可以通过组织内部培训来提升员工的技能和知识。这种培训通常针对不同岗位和职能,旨在帮助员工掌握使用新技术和工具的能力,从而提高他们的操作技能和工作效率。

内部培训的好处之一是它可以根据企业的具体需求进行定制化。企业可以根据自身的业务特点和发展方向,设计和开展符合员工需求的培训计划。例如,对于销售团队,可以组织销售技巧和沟通技巧的培训;对于技术团队,可以提供新技术和工具的培训以跟上行业的最新趋势。

此外,内部培训还可以促进员工的个人成长和职业发展。通过不断提升员工的技能和知识,他们能够更好地应对工作中的挑战,提高工作效率和质量。这不仅有助于提升员工的职业竞争力,还能增强员工的工作满意度和归属感。

对企业而言,内部培训也是一种投资,但是它可以带来长期的回报。通过提升员工的技能和知识,企业可以提高整体的生产力和竞争力。此外,内部培训还可以帮助企业培养和留住人才,提升组织的稳定性和可持续发展能力。

(二)外部培训和研讨会

外部培训和研讨会是企业提升员工专业素质和创新能力的重要途径。通过鼓励员工参加外部培训和行业研讨会,他们可以与同行进行交流和学习,了解最新的技术趋势和实践经验。

参加外部培训和研讨会有助于拓宽员工的视野。在行业研讨会上,员工可以与来自不同企业和组织的专业人士进行交流,分享彼此的经验和见解。这种跨界交流可以帮助员工开阔思路,了解行业发展的全貌,并从中获取启发和灵感。

同时,外部培训和研讨会还能够提高员工的专业素质。这些活动通常由行业内的专家和权威机构组织,提供高质量的培训内容和教育资源。员工可以通过参加这些培训和研讨会,学习到最新的技术知识、行业标准和最佳实践。这些知识和技能的提升,将有助于员工在工作中更加熟练和高效地应用所学。

此外,外部培训和研讨会还能够提升员工的创新能力。在与同行交流的过程中,员工可以了解到其他企业和组织的创新实践和成功经验。这种跨界学习和启发可以激发员工的创新思维,促进他们在工作中提出新的想法和解决方案。

(三)联合项目合作

1.获取最新技术和研究成果

通过合作项目,员工可以接触到科研机构、高校或其他企业最新的技术和研究成果。这些合作伙伴通常在各自领域有着先进的研究和开发能力,能够为公司提供前沿的技术支持和创新思路。

2.提升专业知识和实践能力

与合作伙伴共同开展项目研究,员工能够深入参与到项目中,学习并应用最新的技术和方法。这有助于提升员工的专业知识和实践能力,使其具备更强的竞争力和创新能力。

3.加速项目进展

联合项目合作可以集聚各方的资源和优势，推动项目进展。科研机构、高校或其他企业通常具备丰富的人才和设备资源，在项目执行过程中能够提供有力支持，加快项目的研发和实施进程。

4.拓展合作网络和资源

与科研机构、高校或其他企业建立合作关系，有助于拓展公司的合作网络和资源。通过与不同领域的合作伙伴合作，可以获得更广阔的市场机会和创新资源，促进企业的长期发展。

三、提高员工职业道德与质量意识

（一）建立行业规范和准则

1.职业道德

行业规范应包括明确的职业道德标准，引导员工在工作中表现出诚信、责任和专业精神。这可以涉及对客户、合作伙伴、同事以及行业内其他相关方的尊重和公平待遇。

2.行业标准

行业规范还应涵盖特定的行业标准和最佳实践，指导员工在技术、安全、环境等方面的工作。这有助于确保产品和服务的质量和可靠性，并提高行业整体水平。

3.法律合规

行业规范应与适用法律和法规保持一致，确保员工的行为符合法律的要求。这可以涉及反腐败、反垄断、知识产权保护等方面的规定，帮助企业遵守法律法规，维护企业的合法权益。

4.培训和教育

建立行业规范需要向员工提供相应的培训和教育，使他们了解并遵守规范的内容。这可以通过内部培训、外部专家讲座、在线学习等方式进行，确保员工具备遵守规范的知识和技能。

5. 监督和执行

制定行业规范后,还需要建立相应的监督和执行机制,确保规范的有效实施。这可以包括设立专门的监察机构或委员会,负责监督和处理违反规范的行为,并对违规行为进行纠正和惩罚。

(二)强调质量管理意识

1. 培训和教育

提供针对质量管理的培训和教育,使员工了解质量管理的重要性、标准和方法。这可以包括质量管理体系的认证要求、流程控制、问题分析和解决等方面的知识。

2. 激励机制

建立激励机制,鼓励员工积极参与质量控制和改进。例如,设立奖励制度,表彰贡献于质量改进的员工,提高其参与度和动力。

3. 沟通和反馈

加强内部沟通和反馈机制,鼓励员工发现并报告质量问题。建立开放的沟通渠道,鼓励员工提出改进建议,并及时回应和采纳合理的建议。

4. 过程改进

推动全员参与过程改进,引入持续改进的理念。鼓励员工主动参与团队和跨部门的改进活动,分享经验和最佳实践,不断提高产品和服务的质量水平。

5. 质量意识培养

将质量管理融入企业文化和价值观中,通过内部宣传、标语口号等方式,强调质量的重要性,激发员工对质量的责任感和自豪感。

(三)提供职业培训

1. 职业道德培训

组织职业道德培训,通过案例分析、角色扮演等方式,帮助员工了解职业操守和道德规范。这可以涵盖诚信、公正、尊重等方面的内容,引导员工在工作中做出正确的决策和行为。

2.行为规范培训

提供行为规范培训,明确员工在工作中应遵守的标准和原则。这可以包括与客户互动、团队合作、沟通技巧等方面的培训,帮助员工掌握适当的行为方式,并提高职业素养。

3.案例分享和讨论

组织案例分享和讨论活动,让员工分享工作中遇到的职业道德和行为问题,并进行集体讨论和反思。这有助于员工从实际案例中学习经验,加深对职业操守和行为规范的理解。

4.规章制度宣贯

通过内部宣传、培训材料等方式,将公司的规章制度和职业行为准则传达给员工。确保他们清楚了解公司对职业素养和行为规范的要求,并能够在日常工作中贯彻执行。

5.持续跟进和评估

培训只是一部分,持续跟进和评估也是重要的环节。定期检查员工的职业操守和行为表现,提供反馈和指导,帮助他们不断改进和提升职业素养。

四、注重团队合作和沟通能力的培养

(一)团队项目合作

1.设定明确的目标和任务

确保每个团队成员都清楚项目的目标和各自的任务。这有助于提高团队成员之间的理解和沟通,并激发他们共同努力实现目标的动力。

2.鼓励开放的沟通与合作

建立一个积极的沟通氛围,鼓励团队成员分享想法、意见和经验。促进互相学习和借鉴,以便更好地完成任务。

3.分配适当的角色和责任

根据团队成员的技能、经验和兴趣,合理地分配角色和责任。这样可以最大程度地发挥每个成员的优势,并增强团队的整体效能。

4.提供必要的培训和支持

如果团队成员缺乏某些技能或知识,提供必要的培训和支持。这有助于提高他们的专业水平,并使整个团队更加强大。

5.设立合理的奖励机制

设立奖励机制,鼓励团队成员之间的合作和协同工作。奖励可以是实质性的,如奖金或晋升机会,也可以是非实质性的,如公开表彰和赞扬。

6.定期进行团队评估和反馈

定期对团队的表现进行评估,并提供具体的反馈。这有助于发现问题并及时采取措施加以解决,同时也能够肯定团队成员的努力和贡献。

7.鼓励团队建设活动

组织一些团队建设活动,如户外拓展训练、团队游戏等,以促进团队成员之间的互动和合作。这些活动可以增进彼此的了解和信任,从而提高团队的凝聚力和合作能力。

(二)沟通培训和技巧提升

1.提供基础沟通技巧培训

组织基础的沟通技巧培训,包括积极倾听、表达清晰、善于提问等方面的内容。这些技巧可以帮助员工更好地理解和传达信息,促进良好的沟通。

2.强调非语言沟通的重要性

非语言沟通在沟通中起着重要作用。培训员工如何运用身体语言、面部表情和姿态等非语言元素来增强沟通效果,使沟通更加准确和有说服力。

3.培养积极反馈文化

鼓励员工给予积极反馈,并提供相应的培训。教导员工如何给予具体、建设性的反馈,以及如何接受和处理反馈。这有助于改进沟通方式,建立良好的工作关系。

4.冲突管理培训

组织冲突管理培训,帮助员工学会识别和解决冲突。培训内容可以包括有效的沟通技巧、妥善处理冲突的方法和策略等。这有助于提高员工在工作中解决问题和处理冲突的能力。

5.建立跨文化沟通意识

对于跨国公司或多元文化团队,培训员工具备跨文化沟通的能力是至关重要的。提供相关的培训,使员工了解不同文化之间的差异,并学会适应和尊重他人的文化背景。

6.实践和模拟演练

通过实践和模拟演练,让员工在真实场景中应用所学的沟通技巧和解决问题的能力。这可以帮助他们更好地理解并掌握所学的技巧,提高实际应用的效果。

7.持续反馈和辅导

提供持续的反馈和辅导机制,帮助员工在工作中不断改进和提升沟通技巧。定期评估员工的表现,并为其提供指导和建议,以促进个人和团队的成长。

(三)跨部门合作

1.设立跨部门项目

组织跨部门的项目或任务,需要各个部门协同合作。通过这样的项目,不同部门的成员将有机会互相接触、了解彼此的工作,并找到合作的机会。

2.定期召开跨部门会议

定期召开跨部门会议,让各部门的代表聚集在一起,分享信息、讨论问题、提出建议。这样的会议有助于增进团队之间的联系和合作。

3.建立共享平台和工具

建立一个共享平台或使用协同工具,使不同部门的成员能够共享文件、知识和资源。这样可以促进信息共享和互动,方便团队之间的合作。

4.交叉培训和轮岗安排

组织交叉培训活动,让不同部门的成员互相学习和了解彼此的工作。同时,可以安排轮岗,让员工在不同部门之间进行工作交流和体验,加深彼此的理解和合作。

5.设立跨部门合作奖励机制

设立奖励机制,鼓励不同部门之间的合作和协同工作。可以设置团队奖励或个人表彰,激励员工积极参与跨部门合作,提高合作效果。

6. 提供领导力支持

领导层要支持并鼓励跨部门合作,给予必要的资源和支持。领导者可以树立榜样,积极参与跨部门活动,并提供引导和指导,帮助团队之间建立良好的合作关系。

7. 建立交流和反馈渠道

建立跨部门交流和反馈渠道,让员工能够自由地分享意见、建议和问题。这样可以及时发现和解决潜在的合作障碍,提高团队之间的联系和合作。

第三节　管理体制的优化与完善

一、建立健全质量管理体系

1. 制定质量政策和目标

确定企业的质量政策和目标,明确对质量的承诺和期望。这应该与企业的战略目标相一致,并通过内部宣传和培训向员工进行广泛传达。

2. 建立质量管理流程

制定适合企业实际情况的质量管理流程,包括从产品设计、采购、生产到售后服务等各个环节。确保每个环节都有明确的责任人和操作指南,并与相关部门进行协调和沟通。

3. 确定关键绩效指标

设定关键绩效指标(KPIs),用于衡量和评估质量管理的效果。这可以涵盖产品质量指标、客户满意度、质量问题处理时间等方面的指标,帮助监控和改进质量管理过程。

4. 强化内部审核和评估

定期进行内部审核和评估,检查质量管理体系的有效性和符合性。这可以由内部质量管理团队或专门的审核人员负责,确保质量管理体系的持续运行和改进。

5.培训和教育

为员工提供质量管理方面的培训和教育,提高他们的质量意识和能力。这可以包括对质量管理体系的培训、流程操作的指导以及问题解决技巧等内容,确保员工能够有效地参与质量管理活动。

6.持续改进和创新

推行持续改进的理念,鼓励员工提出改进建议并实施改进措施。定期评估质量管理体系的效果,并根据反馈和市场需求进行调整和创新,不断提升产品和服务质量。

二、加强供应链管理和协同合作

1.沟通与合作

加强与供应商的沟通和合作,建立长期稳定的合作关系。定期开展会议、电话或视频会议等形式的沟通,分享信息、解决问题,确保供应商理解并满足我们的质量要求。

2.供应商选择标准和评估体系

制定明确的供应商选择标准和评估体系,包括对供应商的质量管理能力、生产能力、交货时间等方面进行评估。通过评估,筛选出符合要求的优质供应商,确保供应链上的每个环节都能满足质量要求。

3.内部协同合作

加强内部各部门之间的协同合作,提高工作效率和质量控制水平。建立跨部门的沟通渠道和协作机制,促进信息共享、资源整合和协同决策,确保各部门在供应链管理中能够紧密配合,达到良好的协同效果。

4.追踪和监控

建立供应链追踪和监控系统,实时监测供应链各环节的运作情况。通过数据分析和监控,及时发现问题和异常情况,并采取相应的措施进行调整和改进,确保供应链的稳定和质量的可控性。

5.建立绩效评估机制

建立供应链绩效评估机制,对供应商和内部各部门进行绩效评估。根据评估结果,给予相应的激励或处罚,促使供应商和内部各部门持续改进,提高供应链管理和协同合作的水平。

三、强化过程控制和质量监督

1. 建立合理的检验和测试机制

制定详细的检验和测试方案,确保能够全面、准确地评估产品和服务的质量。包括设定合适的检验指标和标准,并制定相应的检测方法和流程。

2. 监测和控制关键过程

确定影响产品和服务质量的关键过程,并建立监测机制以实时追踪其表现。通过收集和分析数据,及时发现潜在问题,并采取纠正措施,确保过程的稳定性和一致性。

3. 数据分析和改进措施的实施

定期对收集到的数据进行分析,识别出可能存在的问题和改进机会。基于数据分析结果,制定并实施相应的改进措施,以提高过程的效率和质量。

4. 建立反馈机制

建立有效的反馈机制,包括从客户和用户获取反馈意见,以及内部员工之间的沟通和协作。及时了解客户需求和问题,并将其作为改进过程的依据。

5. 培训和培养员工

为员工提供必要的培训和培养机会,使其具备控制过程和监督质量的能力。确保员工熟悉操作流程、了解质量要求,并能够主动参与问题解决和改进活动。

四、推行全面质量管理和持续改进

1. 设计阶段

在产品设计阶段就要考虑质量要求和标准,包括功能性、可靠性、耐久性等方面的要求,确保产品满足客户的期望。

2. 采购阶段

与供应商建立稳固的合作关系,确保原材料和零部件的质量符合要求,并进行供应链管理,监控和评估供应商的绩效。

3.生产阶段

采用先进的生产技术和设备,建立严格的生产工艺和操作规范,实施过程控制,及时发现和纠正生产中的问题。

4.售后服务阶段

建立完善的售后服务体系,包括产品质量反馈、客户投诉处理、维修和保养等,以满足客户的需求并改善产品质量。

5.持续改进机制

借鉴Kaizen(改善)和PDCA(计划、执行、检查、行动)等方法,建立质量改进机制。通过持续的数据收集、分析和评估,识别问题的根本原因,并采取相应的纠正措施,确保问题不再重复出现。

6.培训与教育

加强员工的培训和教育,提高他们的专业知识和技能,增强质量意识,使其成为质量管理的积极参与者。

7.绩效评估

设立合理的质量绩效指标,并进行定期评估,以监测整体质量水平的改善情况,并对个人和团队进行激励和奖励。

第四节 信息化与智能化在质量管理中的应用

一、推进数字化转型和信息化建设

推进数字化转型和信息化建设是质量管理中的关键步骤之一。通过引入先进的信息技术,企业可以将传统的手工操作转变为数字化操作,实现生产过程的自动化和信息化管理,从而提高效率和准确性。

1.建立数字化基础设施

数字化基础设施包括网络、服务器、数据库等,以支持信息化系统的运行和数据的存储与共享。

2. 应用信息化软件和工具

选择适合企业需求的信息化软件和工具,如ERP(企业资源计划)系统、MES(制造执行系统)、PLM(产品生命周期管理)等,实现对生产、质量和供应链等方面的全面管理和监控。

3. 实施数据集成和互联互通

将各个部门和环节的数据进行集成和互联互通,实现数据的无缝流动,避免信息孤岛和重复录入,提高数据的准确性和实时性。

4. 引入自动化设备和智能感知技术

通过引入自动化设备和智能感知技术,实现生产过程的自动化和智能化,减少人为因素的干预,提高生产效率和产品质量的稳定性。

5. 培训和培养信息化人才

加强员工的培训和培养,提高他们的信息化技能和应用能力,使其能够灵活运用信息化工具和系统,参与到数字化转型和信息化建设中。

二、应用大数据分析和人工智能技术

应用大数据分析和人工智能技术是质量管理中的关键步骤之一。通过利用大数据分析和人工智能技术,企业可以对海量数据进行深度挖掘和分析,快速识别潜在质量问题,并预测未来可能出现的质量风险,以便及时采取相应措施。

1. 数据收集和整合

通过建立数据采集系统,收集各个环节的相关数据,包括生产过程、供应链、产品质量等方面的数据。同时,将这些数据进行整合,形成完整的数据集。

2. 数据清洗和预处理

对采集到的数据进行清洗和预处理,去除重复、缺失或错误的数据,确保数据的准确性和完整性。

3. 数据分析和挖掘

利用数据分析和挖掘技术,对清洗后的数据进行统计分析、模式识别、异常检测等,寻找其中的规律和潜在问题。

4.质量问题识别和预测

通过对数据进行深度挖掘和分析,快速识别潜在的质量问题,如制造过程中的变异、材料缺陷等,并预测未来可能出现的质量风险。

5.建立智能决策模型

基于数据分析和预测结果,建立智能决策模型,帮助企业进行决策制定和问题解决,及时采取相应的措施来改善产品质量和生产过程。

三、引入远程监控和预警系统

1.实时监测生产设备

远程监控系统可以实时监测生产设备的运行状态,包括工作时间、运行速度、温度、压力等参数。这样可以及时发现设备故障或异常情况,并采取相应措施进行修复,以避免生产中断或事故发生。

2.实时监测工艺参数

远程监控系统还可以实时监测工艺参数,如液位、浓度、pH值等。通过监测这些参数,可以确保工艺过程的稳定性和一致性,提高产品质量和生产效率。

3.实时监测产品质量

远程监控系统可以对产品质量进行实时监测和追踪。通过与质检系统的连接,可以自动获取产品的各项指标,如尺寸、重量、成分等,并与设定的标准进行比较。一旦发现产品质量异常,系统会及时发出预警信号,帮助企业快速发现问题并采取纠正措施,避免次品或不合格品的生产。

4.快速预警和响应

当监测系统检测到设备故障、工艺异常或产品质量问题时,会立即发出预警信号。这可以帮助企业迅速响应并解决问题,避免问题进一步扩大或影响其他环节。同时,预警信号还可以及时通知相关人员,以便他们能够及时采取行动。

四、加强数据安全和隐私保护

1.数据加密

对敏感数据进行加密处理,确保在存储和传输过程中的安全性。采用强密码算法,确保数据无法被未经授权的人员获取或篡改。

2.访问控制

建立完善的权限管理系统,对不同用户和角色进行访问控制,确保只有合法的用户才能访问和操作数据。通过身份认证、授权和审计等手段,限制对数据的访问权限,并记录所有的操作日志。

3.安全传输

在数据传输过程中使用安全通信协议,如SSL/TLS,保证数据在传输过程中的机密性和完整性。避免数据在传输过程中被窃听或篡改,确保数据的安全性。

4.定期备份和恢复

定期对重要数据进行备份,确保在发生意外事件时能够及时恢复数据。备份数据应存放在安全可靠的地方,并定期进行测试以验证其可恢复性。

5.安全审计与监测

建立安全审计和监测机制,对系统和数据进行定期检查和监测,发现潜在的安全风险和漏洞。及时采取相应的措施进行修复和加固,确保系统和数据的安全性。

6.隐私保护

遵守相关法律法规,采取合适的隐私保护措施,如用户信息脱敏处理、匿名化处理等。明确告知用户数据收集和使用的目的,并经过用户同意后方可进行数据处理和共享。

7.员工培训与意识提升

加强员工对数据安全和隐私保护的培训,提高其安全意识和保密意识。定期组织安全知识培训和演练,确保员工能够正确处理和保护数据。

参 考 文 献

[1] 倪波 . 主体结构检测在建筑工程质量监督控制中的应用 [J]. 石材 ,2024(01):116-118.

[2] 顾峰 . 公路工程质量监督工作对工程质量的管理与控制要点分析 [J]. 运输经理世界 ,2023(36):44-46.

[3] 侯亚萍 . 如何科学有效做好基层水利工程质量监督管理工作的思考 [J]. 水上安全 ,2023(15):148-150.

[4] 张一军 . 基于质量安全监督站视角的房建工程质量管理模式研究 [J]. 居舍 ,2023(35):162-164.

[5] 姜晓东 . 暖通工程管道安装施工通病及解决策略研究 [J]. 房地产世界 ,2023,(21):112-114.

[6] 张志东 , 张宝华 . 阐述如何做好火力发电工程质量监督检测工作 [C]// 中国电力技术市场协会 .2023 年电力行业技术监督工作交流会暨专业技术论坛论文集（下册）. 山西电建山西华视检测科技有限公司 ,2023.

[7] 刘振辉 . 探究 BIM 技术在建筑水电安装工程质量监督中的应用价值 [J]. 居业 ,2023(10):185-187.

[8] 易婷 , 赵通 . 渐进主义视角下建设工程竣工验收政策发展历程分析（1997—2022）[J]. 工程质量 ,202341(10):7-11.

[9] 舒开慧 . 水利工程质量监督检查中的常见问题与质量监督要点 [J]. 四川建材 ,2023,49(9):208-210.

[10] 张成军 . 工程建设阶段的质量监督方法——以甘肃省陇南市徽县某住宅小区工程项目为例 [J]. 房地产世界 ,2023(16):94-96.

[11] 吴其付 . 工程质量鉴定在工程建设实践中的若干问题分析 [J]. 安徽建

筑,2023,30(8):161-162.

[12] 曹立,周斌,苏宏洋.主体结构检测在建筑工程质量监督控制中的应用探讨[J].四川建材,2023,49(8):30-31+34.

[13] 孙琪.浅议企业物资采购质量监督的作用及途径：以石油企业为例[J].中国物流与采购,2023(14):93-94.

[14] 谷文彬.电气工程及其自动化的质量控制和安全管理新策略研究[J].中国设备工程,2023(8):61-63.

[15] 柏育秀.建筑工程质量监督管理中的问题及解决策略[J].砖瓦,2023(3):104-106.

[16] 林子彦.市政给排水工程质量管理现状及优化措施分析[J].城市建设理论研究(电子版),2023(4):134-136.

[17] 雷玫玲.公共建筑装饰装修工程的质量管理和控制策略分析[J].城市建设理论研究(电子版),2022(33):145-147.

[18] 秦春江,马思邈,彭艳松.北京近年建筑电气照明安装工程施工质量监督管理中常见问题[J].工程质量,2022,40(11):71-73.

[19] 李俊兰.高层建筑主体钢结构工程的质量控制及监督要点[J].居业,2022(7):133-135.

[20] 郭海.关于市政给排水工程存在的问题及质量控制策略分析[J].散装水泥,2022(2):23-24.